职业教育"十三五"
数字媒体应用人才培养规划教材

After Effects
CS6
影视后期处理应用教程

第 2 版
微课版

周建国 ◎ 主编　　张旭 ◎ 副主编

人民邮电出版社
北　京

图书在版编目（CIP）数据

After Effects CS6影视后期处理应用教程：微课版/
周建国主编. -- 2版. -- 北京：人民邮电出版社，
2019.11（2022.11重印）
职业教育"十三五"数字媒体应用人才培养规划教材
ISBN 978-7-115-52661-8

Ⅰ. ①A… Ⅱ. ①周… Ⅲ. ①图象处理软件－职业教
育－教材 Ⅳ. ①TP391.413

中国版本图书馆CIP数据核字（2019）第248936号

内 容 提 要

After Effects是目前功能强大的影视后期制作软件之一。本书对After Effects CS6的基本操作方法、影视后期制作技巧及该软件在各类影视后期处理中的应用进行了全面的讲解。

本书共分为上、下两篇，第1章～第11章为上篇，第12章～第17章为下篇。在上篇——基础技能篇中介绍了After Effects入门知识、图层的应用、制作遮罩动画、应用时间线制作特效、创建文字和特效、应用特效、跟踪与表达式、抠像、添加声音特效、制作三维合成特效、渲染与输出。在下篇——案例实训篇中介绍了After Effects在影视后期处理中的应用，包括制作广告宣传片、制作电视纪录片、制作电子相册、制作电视栏目、制作节目片头和制作电视短片。

本书适合作为职业院校数字媒体艺术类专业"After Effects"课程的教材，也可供相关人员自学参考。

◆ 主　　编　周建国

　　副主编　张　旭

　　责任编辑　桑　珊

　　责任印制　马振武

◆ 人民邮电出版社出版发行　　北京市丰台区成寿寺路 11 号

　　邮编　100164　电子邮件　315@ptpress.com.cn

　　网址　https://www.ptpress.com.cn

　　山东百润本色印刷有限公司印刷

◆ 开本：787×1092　1/16

　　印张：19.75　　　　　　　　2019 年 11 月第 2 版

　　字数：503 千字　　　　　　2022 年 11 月山东第 6 次印刷

定价：59.80 元

读者服务热线：(010)81055256　印装质量热线：(010)81055316
反盗版热线：(010)81055315
广告经营许可证：京东市监广登字 20170147 号

前言　FOREWORD

After Effects 是由 Adobe 公司开发的影视后期制作软件。它功能强大、易学易用，深受广大影视制作爱好者和影视后期设计师的喜爱，已经成为这一领域最流行的软件之一。目前，我国很多职业院校的数字媒体艺术类专业，都将 After Effects 作为一门重要的专业课程。为了帮助职业院校的教师全面、系统地讲授这门课程，使学生能够熟练地使用 After Effects 来进行影视后期制作，我们几位长期在职业院校从事 After Effects 教学的教师和专业影视制作公司经验丰富的设计师合作，共同编写了这本书。

本书具有完善的知识结构体系。在基础技能篇中，按照"软件功能解析 – 课堂案例 – 课堂练习 – 课后习题"这一思路进行编排。通过软件功能解析，使学生快速熟悉软件功能和制作特色；通过课堂案例演练，使学生深入学习软件功能和影视后期设计思路；通过课堂练习和课后习题，拓展学生的实际应用能力。在案例实训篇中，根据 After Effects 在影视后期处理中的应用，精心安排了专业设计公司的 30 个精彩实例，通过对这些案例进行全面的分析和详细的讲解，使学生更加贴近实际工作，思维更加开阔，实际设计水平不断提升。在内容编写方面，我们力求细致全面、重点突出；在文字叙述方面，我们注意言简意赅、通俗易懂；在案例选取方面，我们强调案例的针对性和实用性。

为方便教师教学，本书配备了案例的素材及效果文件、详尽的课堂练习和课后习题的操作步骤以及 PPT 课件、教学大纲等丰富的教学资源，任课教师可到人邮教育社区（www.ryjiaoyu.com）免费下载使用。本书的参考学时为 54 学时，其中实训环节为 25 学时，各章的参考学时参见下面的学时分配表。

前言

章	课程内容	学时分配	
		讲授（学时）	实训（学时）
第1章	After Effects 入门知识	1	
第2章	图层的应用	2	1
第3章	制作遮罩动画	1	1
第4章	应用时间线制作特效	2	1
第5章	创建文字和特效	1	1
第6章	应用特效	4	2
第7章	跟踪与表达式	1	1
第8章	抠像	1	1
第9章	添加声音特效	1	2
第10章	制作三维合成特效	2	2
第11章	渲染与输出	1	1
第12章	制作广告宣传片	2	2
第13章	制作电视纪录片	2	2
第14章	制作电子相册	2	2
第15章	制作电视栏目	2	2
第16章	制作节目片头	2	2
第17章	制作电视短片	2	2
学 时 总 计		29	25

由于作者水平有限，书中难免存在不妥之处，敬请广大读者批评指正。

编　者

2019 年 9 月

目 录　　　　　C O N T E N T S

目 录

CONTENTS

目录

CONTENTS

目 录

01

第1章
After Effects 入门知识

本章对 After Effects CS6 的工作界面和软件的相关基础知识进行详细讲解。读者通过对本章的学习，可以快速了解并掌握 After Effects 的入门知识，为后面的学习打下坚实的基础。

课堂学习目标

- ✔ 熟悉 After Effects CS6 的工作界面
- ✔ 掌握软件相关的基础知识

1.1　After Effects 的工作界面

　　After Effects 允许用户定制工作区的布局，用户可以根据工作的需要移动和重新组合工作区中的工具箱和面板。下面将详细介绍常用工作面板。

1.1.1　菜单栏

　　菜单栏几乎是所有软件都有的重要界面要素之一，它包含了软件全部功能的命令操作。After Effects CS6 提供了 9 项菜单，分别为文件、编辑、图像合成、图层、效果、动画、视图、窗口和帮助，如图 1-1 所示。

图1-1

1.1.2　"项目"面板

　　导入 After Effects CS6 中的所有文件、创建的所有合成文件、图层等，都可以在"项目"面板中找到，并可以清楚地看到每个文件的类型、尺寸、时间长短、文件路径等，当选中某一个文件时，可以在"项目"面板的上部查看对应的缩略图和属性，如图 1-2 所示。

图1-2

1.1.3　"工具"面板

　　"工具"面板中包括经常使用的工具，有些工具按钮不是单独的按钮，在其右下角有三角标记的都含有多重工具选项，例如在"矩形遮罩"工具▣上按住鼠标左键不放，即会展开新的按钮选项，拖曳鼠标可进行选择。

　　工具栏中的工具如图 1-3 所示。包括"选择"工具▶、"手形"工具✋、"缩放"工具🔍、"旋转"工具↻、"合并摄像机"工具📷、"定位点"工具⊡、"矩形遮罩"工具▣、"钢笔"工具✒、"横排文字"工具T、"画笔"工具✎、"图章"工具♟、"橡皮擦"工具◢、"ROTO 刷"工具🖌、"自由位置定位"工具📌，"本地轴方式"工具✛、"世界轴方式"工具●、"查看轴模式"工具🖼。

图1-3

1.1.4　"合成"窗口

　　"合成"窗口可直接显示出素材组合特效处理后的合成画面。该面板不仅具有预览功能，还具有控制、操作、管理素材，缩放面板比例，显示当前时间、分辨率，添加图层线框，3D 视图模式和标尺等功能，是 After Effects CS6 中非常重要的工作面板，如图 1-4 所示。

图1-4

1.1.5 "时间线"面板

在"时间线"面板中可以精确设置参与合成的各种素材的位置、时间、特效和属性等,可以进行影片的合成,还可以进行层的顺序调整和关键帧动画的操作,如图 1-5 所示。

图1-5

1.2 软件相关的基础知识

在常见的影视制作中,素材的输入和输出格式设置的不统一,视频标准的多样化,都会导致视频变形、抖动等错误,还会出现视频分辨率和像素比不符合标准的问题。这些都是在制作前需要了解清楚的。

1.2.1 像素比

不同规格的电视像素的长宽比是不一样的。在计算机中播放时,使用方形像素;在电视上播放时,使用 D1/DV PAL(1.09)的像素比,以保证在实际播放时画面不变形。

选择"图像合成 > 新建合成组"命令,或按 Ctrl+N 组合键,在弹出的对话框中设置相应的像素比,如图 1-6 所示。

选择"项目"面板中的视频素材,选择"文件 > 解释素材 > 主要"命令,弹出图 1-7 所示的对话框,在这里可以对导入的素材进行设置,其中包括设置透明度、帧速率、场和像素比等。

图 1-6   图 1-7

1.2.2　分辨率

　　普通电视屏幕和 DVD 的分辨率是 720 像素×576 像素。软件设置时应尽量设置相同的数值，以保证分辨率的统一。

　　分辨率过大的图像在制作时会占用大量制作时间和计算机资源，过小分辨率的图像则会使图像在播放时清晰度不够。

　　选择"图像合成 > 新建合成组"命令，在弹出的对话框中设置分辨率，如图 1-8 所示。

图 1-8

1.2.3　帧速率

　　PAL 制式电视的播放设备使用的是每秒 25 幅画面，也就是 25 帧/秒，只有使用正确的播放帧速率才能流畅地播放动画。过高的帧速率会导致资源浪费，过低的帧速率会使画面播放不流畅从而产生抖动。

选择"文件 > 项目设置"命令，或按 Ctrl+Alt+Shift+K 组合键，在弹出的对话框中设置帧速率，如图 1-9 所示。

选择"项目"面板中的视频素材，选择"文件 > 解释素材 > 主要"命令，在弹出的对话框中改变帧速率，如图 1-10 所示。

图 1-9

图 1-10

这里设置的是时间线显示方式。如果要按帧制作动画可以选择帧显示方式，这样不会影响最终动画的帧速率。

也可选择"图像合成 > 新建合成组"命令，在弹出的对话框中设置帧速率，如图 1-11 所示。

图 1-11

如果是动画序列，需要将帧速率值设置为 25 帧/秒；如果是动画文件，则不需要修改帧速率，因为动画文件自动包括帧速率信息，并且会被 After Effects 识别，如果修改这个设置会改变原有动画的播放速度。

1.2.4　安全框

　　安全框是画面可以被用户看到的范围。"显示安全框"以外的部分电视设备将不会显示，"文字安全框"以内的部分可以保证被完全显示。

　　单击"选择参考线与参考线选项"按钮，在弹出的列表中选择"字幕/活动安全框"选项，即可打开安全框参考可视范围，如图 1-12 所示。

图 1-12

1.2.5　场

　　场是隔行扫描的产物，扫描一帧画面时由上到下扫描，先扫描奇数行，再扫描偶数行，两次扫描完成一幅图像。由上到下扫描一次叫作一个场，一幅画面需要两次场扫描来完成。当每秒 25 帧图像的时候，由上到下扫描需要 50 次，也就是每个场间隔 1/50s。如果制作奇数行和偶数行间隔 1/50s 的有场图像，在隔行扫描的每秒 25 帧的电视上，每秒可以显示 50 幅画面。画面多了自然流畅，跳动的效果就会减弱，但是场会加重图像锯齿。

　　要在 After Effects 中将有"场"的文件导入，选择"文件 > 解释素材 > 主要"命令，在弹出的对话框中进行设置即可，如图 1-13 所示。

　这个步骤叫作"分离场"，如果选择"上场"，并且在制作中加入了后期效果，那么在最终渲染输出的时候，输出文件必须带场，才能将下场加入到后期效果；否则"下场"就会自动被丢弃，图像质量也就只有一半。

　　在 After Effects 中输出有场的文件相关操作如下。

　　按 Ctrl+M 组合键，弹出"渲染队列"面板，单击"最佳设置"按钮，在弹出的"渲染设置"对话框的"场渲染"选项的下拉列表中选择输出场的方式，如图 1-14 所示。

　如果使用这种方法生成动画，在电视上播放时会出现因为场错误而导致的问题；这说明素材使用的是下场优先，需要选择动画素材，调出"渲染设置"对话框，在对话框中选择上场优先。

如果出现画面跳格是因为 30 帧转换 25 帧而产生帧丢失，需要选择"3∶2 下变换"选项中的一种场偏移方式。

图 1-13

图 1-14

1.2.6　动态模糊

动态模糊会产生拖尾效果，使每帧画面更接近，以减少帧之间因为画面差距大而产生的闪烁或抖动，但这会降低图像的清晰度。

按 Ctrl+M 组合键，弹出"渲染队列"面板，单击"最佳设置"按钮，在弹出的"渲染设置"对话框中进行动态模糊设置，如图 1-15 所示。

图 1-15

1.2.7　帧混合

　　帧混合是用来消除画面轻微抖动的方法，对于有场的素材，也可以用来抗锯齿，但效果有限。在
After Effects 的"时间线"面板中，帧混合设置如图 1–16 所示。

　　按 Ctrl+M 组合键，弹出"渲染队列"面板，单击"最佳设置"按钮，在弹出的"渲染设置"对
话框中设置帧混合参数，如图 1–17 所示。

图 1-16　　　　　　　　　　　　　　　　　　图 1-17

1.2.8　抗锯齿

　　锯齿的出现会使图像粗糙、不精细。提高图像质量是抗锯齿的主要办法，但有场的图像只有通过
添加模糊、牺牲清晰度来抗锯齿。

　　按 Ctrl+M 组合键，弹出"渲染队列"面板，单击"最佳设置"按钮，在弹出的"渲染设置"对
话框中设置抗锯齿参数，如图 1–18 所示。

图 1-18

02

第 2 章
图层的应用

本章对 After Effects 中图层的应用与操作进行详细讲解。读者通过对本章的学习，可以充分理解图层的概念，并能够掌握图层的基本操作方法和使用技巧。

课堂学习目标

- 理解图层的概念
- 掌握图层的基本操作
- 掌握层的 5 个基本变换属性和关键帧动画

2.1 图层的概念

在 After Effects 中，无论是创作合成动画，还是特效处理等操作都离不开图层，因此制作动态影像的第一步就是真正理解和掌握图层。在"时间线"面板中的素材都是以图层的方式按照上下位置关系依次排列组合的，如图 2-1 所示。

图 2-1

可以将 After Effects 软件中的图层想象为一层层叠放的透明胶片，上一层有内容的部位将遮盖住下一层的内容，而上一层没有内容的部位则露出下一层的内容，如果上一层处于半透明状态，则将依据半透明程度混合显示下层内容。这是图层的最简单、最基本的概念。图层与图层之间还存在更复杂的合成组合关系，如叠加模式、蒙版合成模式等。

2.2 图层的基本操作

图层有改变图层上下顺序、复制层与替换层、让层自动适合合成图像尺寸、层与层对齐、自动分布功能等多种基本操作。

2.2.1 将素材置入"时间线"的多种方式

素材只有放入"时间线"中才可以进行编辑。将素材放入"时间线"的方法如下。

◎ 将素材直接从"项目"面板拖曳到"合成"预览面板中，如图 2-2 所示。鼠标拖曳的位置可以决定素材在合成画面中的位置。

图 2-2

◎ 在"项目"面板选中素材，按 Ctrl+/ 组合键将所选素材置入当前"时间线"面板中。

◎ 将素材从"项目"面板拖曳到"时间线"面板区域。

在未释放鼠标左键时，"时间线"面板中显示了一条灰色线，根据它所在的位置可以决定置入哪一层，如图 2-3 所示。

图 2-3

在未释放鼠标左键时，不仅出现一条灰色线以决定置入哪一层，还会在时间标尺处显示时间标签以决定素材入场的时间，如图 2-4 所示。

图 2-4

◎ 在"项目"面板拖曳素材到合成层上，如图 2-5 所示。

◎ 在"项目"面板中双击素材，通过"素材"预览面板打开素材，单击 ⦗、⦘ 两个按钮设置素材的入点和出点，再单击"波纹插入编辑"按钮 🔳 或者"覆盖编辑"按钮 🔳 插入"时间线"面板，如图 2-6 所示。

图2-5　　　　　　　　　　　图2-6

2.2.2　改变图层上下顺序

◎ 在"时间线"面板中选择层，上下拖曳到适当的位置，可以改变图层顺序，注意观察灰色水平线的位置，如图 2-7 所示。

图2-7

◎ 在"时间线"面板中选择层，通过菜单或快捷键改变上下层位置。

选择"图层 > 排列 > 图层移动最前"命令，或按 Ctrl+Shift+] 组合键将层移到最上方。

选择"图层 > 排列 > 图层前移"命令，或按 Ctrl+] 组合键将层往上移一层。

选择"图层 > 排列 > 图层后移"命令，或按 Ctrl+ [组合键将层往下移一层。

选择"图层 > 排列 > 图层移动最后"命令，或按 Ctrl+Shift+ [组合键将层移到最下方。

2.2.3　复制层和替换层

1. 复制层

◎ 使用"复制""粘贴"命令复制层。

选中层，选择"编辑 > 复制"命令，或按 Ctrl+C 组合键复制层。

选择"编辑 > 粘贴"命令，或按 Ctrl+V 组合键粘贴层。粘贴的新层将保持被复制层的所有属性。

◎ 使用"副本"命令复制层。

选中层，选择"编辑 > 副本"命令，或按 Ctrl+D 组合键快速复制层。

2. 替换层

◎ 在"时间线"面板中替换层。

在"时间线"面板中选择需要替换的层，在"项目"面板中，按住 Alt 键的同时，拖曳替换的新素材到"时间线"面板，如图 2-8 所示。

◎ 在"流程图"面板中替换层。

在"时间线"面板中需要替换的层上单击鼠标右键，在弹出菜单中选择"显示项目流程图中的图层"命令，打开"流程图"面板。

在"项目"面板中，拖曳替换的新素材到"流程图"面板中目标层图标上方，如图 2-9 所示。

图 2-8   图 2-9

2.2.4　让层自动适合合成图像尺寸

◎ 选择图层，选择"图层 > 变换 > 适配到合成"命令，或按 Ctrl+Alt+F 组合键，使层尺寸完全配合图像尺寸。如果层的长宽比与合成图像长宽比不一致，将导致层图像变形，如图 2-10 所示。

◎ 选择"图层 > 变换 > 适配为合成宽度"命令，或按 Ctrl+Alt+Shift+H 组合键，使层宽与合成图像宽适配，如图 2-11 所示。

◎ 选择"图层 > 变换 > 适配为合成高度"命令，或按 Ctrl+Alt+Shift+G 组合键，使层高与合成图像高适配，如图 2-12 所示。

图 2-10   图 2-11   图 2-12

2.2.5　层与层对齐和自动分布功能

选择"窗口 > 对齐"命令，打开"对齐"面板，如图 2-13 所示。

"对齐"面板上的第一行按钮从左到右分别为："水平方向左对齐"按钮、"水平方向居中"按

钮 、"水平方向右对齐"按钮 、"垂直方向上对齐"按钮 、"垂直方向居中"按钮 、"垂直方向下对齐"按钮 。第二行按钮从左到右分别为："垂直方向上分布"按钮 、"垂直方向居中分布"按钮 、"垂直方向下分布"按钮 、"水平方向左分布"按钮 、"水平方向居中分布"按钮 和"水平方向右分布"按钮 。

图 2-13

"对齐"按钮的操作方法举例如下。

步骤① 在"时间线"面板中，同时选中"图层 1"～"图层 4"所有文本层（选中"图层 1"，按住 Shift 键的同时，选中"图层 4"），如图 2-14 所示。

步骤② 单击"对齐"面板中的"水平方向居中"按钮 ，将所选中的层水平居中对齐；再次单击"垂直方向居中分布"按钮 ，以"合成"预览面板画面位置最上层和最下层为基准，平均分布中间两层，使垂直间距一致，如图 2-15 所示。

图 2-14

图 2-15

2.2.6　课堂案例——圣诞贺卡

案例学习目标

学习插入多种素材到"时间线"面板的方法。

案例知识要点

使用"导入"命令导入文件；使用多种方法将素材置入"时间线"面板中；使用"位置"属性和"缩放"属性，确定素材的位置及大小。圣诞贺卡效果如图 2-16 所示。

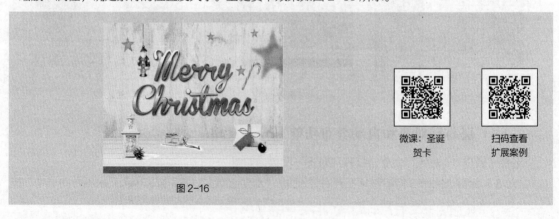

图 2-16

微课：圣诞
贺卡

扫码查看
扩展案例

效果所在位置

云盘\Ch02\圣诞贺卡\圣诞贺卡.aep。

步骤① 按 Ctrl+N 组合键，弹出"图像合成设置"对话框，在"合成组名称"文本框中输入"圣诞贺卡"，其他选项的设置如图 2-17 所示，单击"确定"按钮，创建一个新的合成"圣诞贺卡"。选择"文件 > 导入 > 文件"命令，弹出"导入文件"对话框，选择云盘中的"Ch02\圣诞贺卡\ (Footage)\01.jpg ~ 09.jpg"文件，单击"打开"按钮，将文件导入"项目"面板中，如图 2-18 所示。

图 2-17

图 2-18

步骤② 在"项目"面板选中"01.jpg"文件并将其拖曳到"合成"窗口中，如图 2-19 所示。释放鼠标左键，"合成"窗口中的效果如图 2-20 所示。

图 2-19

图 2-20

步骤③ 将时间标签放置在 0:00:00:03 的位置，在"项目"面板中选中"02.png"文件，将其拖曳到"时间线"面板区域，如图 2-21 所示，释放鼠标左键，确定图层的层次及入场时间，如图 2-22 所示。

图 2-21

图2-22

步骤④ 在"时间线"面板中选中"02.png"层，按P键，展开"位置"属性，设置"位置"选项的数值为364.0、230.0，如图2-23所示。"合成"窗口中的效果如图2-24所示。

图2-23

图2-24

步骤⑤ 在"项目"面板中选中"03.png"文件，按Ctrl+/组合键，将其置入当前"时间线"面板中。按P键，展开"位置"属性，设置"位置"选项的数值为317.5、457.0，如图2-25所示。将时间标签放置在0:00:00:06的位置，按 [键，设置动画的入点，如图2-26所示。

图2-25

图2-26

步骤⑥ 在"项目"面板中选中"04.png"文件，并将其拖曳到"时间线"面板中。按P键，展开"位置"属性，设置"位置"选项的数值为154.6、438.3，如图2-27所示。将时间标签放置在0:00:00:09的位置，按 [键，设置动画的入点，如图2-28所示。

图2-27　　　　　　　　　　　　　　　　　图2-28

步骤⑦ 用上述的方法将其他文件插入"时间线"面板中，并设置具体的位置和动画的入点，"时间线"面板如图 2-29 所示。"合成"窗口中的效果如图 2-30 所示。

图 2-29　　　　　　　　　　　　　　　　　图 2-30

步骤⑧ 在"项目"面板中选中"09.jpg"文件，将其拖曳到"时间线"面板"01.jpg"层和"02.png"层的中间位置，如图 2-31 所示。释放鼠标左键，完成文件的插入，如图 2-32 所示。

图 2-31　　　　　　　　　　　　　　　　　图 2-32

步骤⑨ 将时间标签放置在 0:00:00:24 的位置，选中"09.jpg"层，按 [键，设置动画的入点。按 P 键，展开"位置"属性，设置"位置"选项的数值为 365.0、564.7；按住 Shift 键的同时，按 S 键，展开"缩放"属性，设置"缩放"选项的数值为 132.7%、132.7%，如图 2-33 所示。"合成"窗口中的效果如图 2-34 所示。圣诞贺卡制作完成。

图 2-33　　　　　　　　　　　　　　　　　图 2-34

2.3　层的 5 个基本变换属性和关键帧动画

在 After Effects 中，层的 5 个基本变换属性分别是：定位点、位置、缩放、旋转和透明度。下面将对这 5 个基本变化属性和关键帧动画进行讲解。

2.3.1　层的 5 个基本变换属性

除了单独的音频层以外，各类型层至少有 5 个基本变换属性，它们分别是：定位点、位置、缩放、旋转和透明度。可以通过单击"时间线"面板中层色彩标签左侧的小三角形按钮▶展开变换属性标题，再次单击"变换"左侧的小三角形按钮▶，展开其各个变换属性的具体参数，如图 2-35 所示。

图 2-35

1．"定位点"属性

无论一个层的面积多大，当其位置变化、旋转和缩放时，都是依据一个点来操作的，这个点就是定位点。

选中需要的层，按 A 键，展开"定位点"属性，如图 2-36 所示。例如，以定位点为基准，如图 2-37 所示，进行旋转操作，如图 2-38 所示；进行缩放操作，如图 2-39 所示。

图 2-36

图 2-37　　　　　　　　　图 2-38　　　　　　　　　图 2-39

2．"位置"属性

选中需要的层，按 P 键，展开"位置"属性，如图 2-40 所示。以定位点为基准，如图 2-41 所示。

在层的"位置"属性右方的数字上按住鼠标左键并左右拖曳鼠标（或单击输入需要的数值），如图 2-42 所示。释放鼠标左键，效果如图 2-43 所示。普通二维层的"位置"属性由 X 轴向和 Y 轴向两个参数组成，如果是三维层，则由 X 轴向、Y 轴向和 Z 轴向 3 个参数组成。

图 2-40

图 2-41

图 2-42

图 2-43

  在制作位置动画时，为了保持移动时的方向性，可以通过选择"图层 > 变换 > 自动定向"命令，打开"自动定向"对话框，选择"沿路径方向设置"选项。

3. "缩放"属性

选中需要的层，按 S 键，展开"缩放"属性，如图 2-44 所示。以定位点为基准，如图 2-45 所示，在层的"缩放"属性右方的数字上按住鼠标左键并左右拖曳鼠标（或单击输入需要的数值），如图 2-46 所示。释放鼠标左键，效果如图 2-47 所示。普通二维层"缩放"属性由 X 轴向和 Y 轴向两个参数组成，如果是三维层，则由 X 轴向、Y 轴向和 Z 轴向 3 个参数组成。

图 2-44

图 2-45

4. "旋转" 属性

选中需要的层，按 R 键，展开 "旋转" 属性，如图 2-48 所示。以定位点为基准，如图 2-49 所示，在层的 "旋转" 属性右方的数字上按住鼠标左键并左右拖曳鼠标（或单击输入需要的数值），如图 2-50 所示。释放鼠标左键，效果如图 2-51 所示。普通二维层 "旋转" 属性由圈数和度数两个参数组成，如 "1×+180°"。

图 2-46

图 2-47

图 2-48

图 2-49

图 2-50

图 2-51

如果是三维层，"旋转" 属性将增加为 4 个：方向可以同时设定 X、Y、Z 3 个轴向，"X 轴旋转" 仅调整 X 轴向旋转，"Y 轴旋转" 仅调整 Y 轴向旋转，"Z 轴旋转" 仅调整 Z 轴向旋转，如图 2-52 所示。

5. 透明度属性

选中需要的层，按 T 键，展开 "透明度" 属性，如图 2-53 所示。以定位点为基准，如图 2-54 所示，在层的 "透明度" 属性右方的数字上按住鼠标左键并左右拖曳鼠标（或单击输入需要的数值），如图 2-55 所示。释放鼠标左键，效果如图 2-56 所示。

图 2-52

图 2-53

图 2-54

图 2-55

图 2-56

 提示

　　可以通过按住 Shift 键的同时按下显示各属性的快捷键的方法，达到自定义组合显示属性的目的。例如，只想看见层的"位置"和"透明度"属性，可以通过选取图层之后，按 P 键，然后在按住 Shift 键的同时，按 T 键完成，如图 2-57 所示。

图 2-57

2.3.2　利用"位置"属性制作位置动画

选择"文件 > 打开项目"命令，或按 Ctrl+O 组合键，在弹出的"打开"对话框中，选择云盘中的"基础素材\Ch02\上升的气球.aep"文件，如图 2-58 所示，单击"打开"按钮，打开此文件。

图 2-58

在"时间线"面板选中"09.png"层，按 P 键，展开"位置"属性，确定当前时间标签处于 0∶00∶00∶00，调整"位置"属性的 X 值和 Y 值分别为 578.0 和 452.0，如图 2-59 所示。或选择"选择"工具，在"合成"窗口将气球图形移动到画面的右下角位置，如图 2-60 所示。单击"位置"属性名称左侧的"关键帧自动记录器"按钮，开始自动记录位置关键帧信息。

图 2-59

图 2-60

 提示

按 Alt+Shift+P 组合键也可以实现上述操作，此快捷键可以实现在时间线任意位置添加或删除"位置"属性关键帧的操作。

移动时间标签到 0∶00∶04∶24 位置，设置"位置"属性的 X 值和 Y 值分别为 148.0 和 134.0，或选择"选择"工具，在"合成"窗口将气球图形移动到画面的左上角位置，在"时间线"面板当前时间下"位置"属性自动添加一个关键帧，如图 2-61 所示，并在"合成"窗口中显示出动画路径，如图 2-62 所示。按 0 键，进行动画内存预览。

1. 手动方式调整"位置"属性

◎ 选择"选择"工具，直接在"合成"窗口中拖曳层。

图 2-61　　　　　　　　　　　　　图 2-62

◎ 在"合成"窗口中拖曳层时，按住 Shift 键，将以水平或垂直方向移动层。

◎ 在"合成"窗口中拖曳层时，按住 Alt+Shift 组合键，将使层的边逼近合成图像边缘。

◎ 以 1 个像素点移动层可以按上、下、左、右 4 个方向键来实现；以 10 个像素点移动可以在按住 Shift 键的同时按上、下、左、右 4 个方向键来实现。

2. 数字方式调整"位置"属性

◎ 当光标呈现形状时，在参数值上按住鼠标左键并左右拖曳鼠标可以修改数值。

◎ 单击参数将会出现输入框，可以在其中输入具体数值。输入框也支持加减法运算，如输入"+20"，在原来的轴向值上加上 20 个像素，如图 2-63 所示；如果是减法，则输入"−20"。

◎ 在属性标题或参数值上单击鼠标右键，在弹出的菜单中，选择"编辑数值"命令，或按 Ctrl+Shift+P 组合键，打开参数数值对话框。在该对话框中可以调整具体参数值，并且可以选择调整的单位，如像素、英寸、毫米、%（源百分比）、%（合成百分比），如图 2-64 所示。

图 2-63　　　　　　　　　　　　　图 2-64

2.3.3　加入"缩放"动画

在"时间线"面板中，选中"09.png"层，在按住 Shift 键的同时，按 S 键，展开"缩放"属性，如图 2-65 所示。

将时间标签放置到 0:00:00:00 处，将 X 轴向和 Y 轴向缩放值调整为 50.0%，如图 2-66 所示。或者选择"选择"工具，在"合成"窗口拖曳层边框上的变换框进行缩放操作。

图 2-65　　　　　　　　　　　　　图 2-66

如果在按下 Shift 键的同时进行操作，则可以实现等比缩放，还可以通过观察"信息"面板和"时间线"面板中的"缩放"属性了解表示具体缩放程度的数值，如图 2-67 所示。单击"缩放"属性名称左侧的"关键帧自动记录器"按钮 ⊙，开始记录缩放关键帧信息。

图 2-67

提示 按 Alt+Shift+S 组合键也可以实现上述操作，此快捷键还可以实现在时间线任意位置添加或删除"缩放"属性关键帧的操作。

移动当前时间指针到 0:00:04:24 位置，将 X 轴向和 Y 轴向缩放值都调整为 70%。在"时间线"面板当前时间下会自动添加一个"缩放"属性关键帧，如图 2-68 所示。按 0 键，进行动画内存预览。

图 2-68

1. 手动方式调整"缩放"属性

◎ 选择"选择"工具 ▶ ，直接在"合成"窗口中拖曳层边框上的变换框进行缩放操作，如果同时按住 Shift 键，则可以实现等比例缩放。

◎ 可以通过按住 Alt 键的同时按 + （加号）键实现以 1% 的幅度递增缩放百分比，也可以通过按住 Alt 键的同时按 − （减号）键实现以 1% 的幅度递减缩放百分比；如果要以 10% 为幅度递增或者递减调整，只需要在按下上述快捷键的同时按住 Shift 键即可，如 Shift+ Alt+ − 组合键。

2. 数字方式调整"缩放"属性

◎ 当光标呈现 ↔ 形状时，在参数值上按住鼠标左键并左右拖曳鼠标可以修改缩放值。

◎ 单击参数将会弹出输入框，可以在其中输入具体数值。输入框也支持加减法运算，如输入"+10"，在原有的缩放值上加上 10%，如果是减法，则输入"−10"，如图 2-69 所示。

◎ 在属性标题或参数值上单击鼠标右键，在弹出的菜单中选择"编辑数值"命令，在弹出的对话框中进行设置，如图 2-70 所示。

图 2-69

图 2-70

如果缩放值变为负值，将实现图像翻转特效。

2.3.4 制作"旋转"动画

在"时间线"面板中，选中"09.png"层，在按住 Shift 键的同时，按 R 键，展开"旋转"属性，如图 2-71 所示。

图 2-71

将时间标签放置到 0：00：00：00 处，单击"旋转"属性名称左侧的"关键帧自动记录器"按钮 ⏱，开始记录旋转关键帧信息。

按 Alt + Shift + R 组合键也可以实现上述操作，此快捷键还可以实现在时间线任意位置添加或删除"旋转"属性关键帧的操作。

移动当前时间指针到 0：00：04：24 位置，调整旋转值为"0×+180°"，旋转半圈，如图 2-72 所示。或者选择"旋转"工具 ⟲，在"合成"窗口以顺时针方向旋转图层，同时可以通过观察"信息"面板和"时间线"面板中的"旋转"属性了解具体旋转圈数和度数，如图 2-73 所示。按 0 键，进行动画内存预览。

图 2-72

图 2-73

1．手动方式调整"旋转"属性

◎ 选择"旋转"工具 ⟲，在"合成"窗口以顺时针方向或者逆时针方向旋转图层，如果同时按住 Shift 键，将以 45° 为调整幅度。

◎ 通过数字键盘的 ＋（加号）键可以实现以 1°的幅度顺时针方向旋转层，也可以通过数字键盘的 －（减号）键实现以 1°的幅度逆时针方向旋转层；如果要以 10°为幅度旋转调整层，只需要在按下上述快捷键的同时按住 Shift 键即可，如 Shift+ － 组合键。

2. *数字方式调整"旋转"属性*

◎ 当光标呈现 ⟳ 形状时，在参数值上按住鼠标左键并左右拖曳鼠标可以修改数值。

◎ 单击参数将会弹出输入框，可以在其中输入具体数值。输入框也支持加减法运算，如输入"+2"，在原有的旋转参数值上加上 2°（在度数输入框中输入）或者 2 圈（在圈数输入框中输入）；如果是减法，则输入"－2"。

◎ 在属性标题或参数值上单击鼠标右键，在弹出的菜单中选择"编辑数值"命令或按 Ctrl+Shift+R 组合键，在弹出的对话框中调整具体参数值，如图 2-74 所示。

图 2-74

2.3.5 设置"定位点"

在"时间线"面板中，选中"09.png"层，在按住 Shift 键的同时，按 A 键，展开"定位点"属性，如图 2-75 所示。

图 2-75

将"定位点"属性中的第一个值设为 150，或者选择"定位点"工具 ◈，在"合成"窗口单击并移动定位点，同时通过观察"信息"面板和"时间线"面板中的"定位点"坐标值了解具体位置移动参数，如图 2-76 所示。按 0 键，进行动画内存预览。

图 2-76

提示

定位点的坐标是相对于层，而不是相对于合成图像的。

1. 手动方式调整"定位点"

◎ 选择"定位点"工具 ，在"合成"窗口单击并移动轴心点。

◎ 在"时间线"面板中双击层，将层的"图层"预览面板打开，选择"选择"工具 或者选择"定位点"工具 ，单击并移动轴心点，如图 2-77 所示。

2. 数字方式调整"定位点"

◎ 当光标呈现 形状时，在参数值上按住鼠标左键并左右拖曳鼠标可以修改定位点参数。

◎ 单击参数将会弹出输入框，可以在其中输入具体数值。输入框也支持加减法运算，如输入"+30"，在原有的参数值上加上 30 像素；如果是减法，则输入"－30"。

◎ 在属性标题或参数值上单击鼠标右键，在弹出的菜单中选择"编辑数值"命令，打开"定位点"对话框调整具体参数值，如图 2-78 所示。

图 2-77

图 2-78

2.3.6 添加"透明度"动画

在"时间线"面板中，选中"09.png"层，在按住 Shift 键的同时，按 T 键，展开"透明度"属性，如图 2-79 所示。

图 2-79

移动当前时间指针到 0：00：00：00 处，将"透明度"属性值调整为 100%，使层完全透明。单击"透明度"属性名称左侧的"关键帧自动记录器"按钮 ，开始记录不透明关键帧信息。

提示

　　按 Alt+Shift+T 组合键也可以实现上述操作，此快捷键还可以实现在时间线任意位置添加或删除"不透明"属性关键帧的操作。

　　移动当前时间指针到 0：00：04：24 位置，将"透明度"属性值调整为 0%，使层完全不透明，注意观察"时间线"面板，在当前时间下"透明度"属性会自动添加一个关键帧，如图 2-80 所示。按 0 键，进行动画内存预览。

图 2-80

　　数字方式调整"透明度"属性的方法如下。

◎ 当光标呈现 ▥ 形状时，在参数值上按住鼠标左键并左右拖曳鼠标可以修改透明度参数。

◎ 单击参数将会弹出输入框，可以在其中输入具体数值。输入框也支持加减法运算，如输入"+10"，就是在原有的透明度值上增加 10%；如果是减法，则输入"−20"。

◎ 在属性标题或参数值上单击鼠标右键，在弹出的菜单中选择"编辑数值"命令或按 Ctrl+Shift+O 组合键，在弹出的对话框中调整具体参数值，如图 2-81 所示。

图 2-81

2.3.7　课堂案例——航行小飞机

案例学习目标

　　学习使用层的 5 个属性和关键帧动画。

案例知识要点

　　使用"导入"命令导入素材，使用"缩放"属性和"位置"属性制作飞机航行动画。航行小飞机效果如图 2-82 所示。

效果所在位置

　　云盘\Ch02\航行小飞机\航行小飞机.aep。

图 2-82

微课：航行小
飞机

扫码查看
扩展案例

步骤① 按 Ctrl+N 组合键，弹出"图像合成设置"对话框，在"合成组名称"文本框中输入"航行小飞机"，其他选项的设置如图 2-83 所示，单击"确定"按钮，创建一个新的合成"航行小飞机"。选择"文件 > 导入 > 文件"命令，弹出"导入文件"对话框，选择云盘中的"Ch02 \航行小飞机\(Footage) \01.jpg、02.png"文件，如图 2-84 所示，单击"打开"按钮，导入图片到"项目"面板。

图 2-83

图 2-84

步骤② 在"项目"面板中选中"01.jpg"和"02.png"文件并将它们拖曳到"时间线"面板中，如图 2-85 所示。"合成"窗口中的效果如图 2-86 所示。

图 2-85

图 2-86

步骤③ 选中"02.png"层，按 S 键，展开"缩放"属性，设置"缩放"选项的数值为 33%，如图 2-87 所示。"合成"窗口中的效果如图 2-88 所示。

图2-87 图2-88

步骤④ 按P键，展开"位置"属性，设置"位置"选项的数值为18.0、133.4，如图2-89所示。"合成"窗口中的效果如图2-90所示。

图2-89 图2-90

步骤⑤ 在"时间线"面板中，将时间标签放置在0:00:00:00的位置，单击"位置"属性名称左侧的"关键帧自动记录器"按钮，如图2-91所示，记录第1个关键帧。将时间标签放置在0:00:12:00的位置，在"时间线"面板中，设置"位置"选项的数值为801.9、184.0，如图2-92所示，记录第2个关键帧。

图2-91 图2-92

步骤⑥ 将时间标签放置在0:00:02:00的位置，选择"选择"工具，在"合成"窗口中选中飞机，拖曳到图2-93所示的位置，记录第3个关键帧。将时间标签放置在0:00:04:00的位置，选择"选择"工具，在"合成"窗口中选中飞机，拖曳到图2-94所示的位置，记录第4个关键帧。

步骤⑦ 将时间标签放置在0:00:06:00的位置，选择"选择"工具，在"合成"窗口中选中飞机，拖曳到图2-95所示的位置，记录第5个关键帧。将时间标签放置在0:00:08:00的位置，选择"选择"工具，在"合成"窗口中选中飞机，拖曳到图2-96所示的位置，记录第6个关键帧。

图 2-93

图 2-94

图 2-95

图 2-96

步骤 ⑧ 将时间标签放置在 0:00:10:00 的位置,选择"选择"工具 ,在"合成"窗口中选中飞机,拖曳到图 2-97 所示的位置,记录第 7 个关键帧。选择"图层 > 变换 > 自动定向"命令,在弹出的"自动定向"对话框中选择"沿路径方向设置"单选项,如图 2-98 所示,单击"确定"按钮,设置对象沿路径的角度变换。航行小飞机制作完成,如图 2-99 所示。

图 2-97

图 2-98

图 2-99

课堂练习——运动的线条

练习知识要点

使用"粒子运动"命令、"变换"命令、"快速模糊"命令制作线条效果,利用"缩放"属性制作缩放效果。运动的线条效果如图 2-100 所示。

微课：运动
的线条

图 2-100

◉ 效果所在位置

云盘\Ch02\运动的线条\运动的线条.aep。

课后习题——闪烁的星星

◈ 习题知识要点

使用"导入"命令导入素材，利用"缩放"属性和"位置"属性制作星星和月亮动画。闪烁的星星效果如图 2-101 所示。

微课：闪烁
的星星

图 2-101

◉ 效果所在位置

云盘\Ch02\闪烁的星星\闪烁的星星.aep。

03

第3章
制作遮罩动画

本章主要讲解遮罩的功能，其中包括使用遮罩设计图形、调整遮罩图形形状、遮罩的变换、编辑遮罩的多种方式、多个遮罩的混合等。通过对本章的学习，读者可以掌握遮罩的使用方法和应用技巧，并通过遮罩功能制作出绚丽的视频效果。

课堂学习目标

- ✔ 初步了解遮罩
- ✔ 掌握设置遮罩的方法
- ✔ 掌握遮罩的基本操作

3.1 初步了解遮罩

遮罩其实就是一个封闭的贝塞尔曲线所构成的路径轮廓，轮廓之内或之外的区域就是抠像的依据，如图 3-1 所示。

图 3-1

提示

虽然遮罩是由路径组成的，但是千万不要误认为路径只是用来创建遮罩的，它还可以用在描绘勾边特效、沿路径制作动画特效等方面。

3.2 设置遮罩

通过设置遮罩，可以将两个以上的图层合成并制作出一个新的画面。遮罩可以在"合成"窗口中进行调整，也可以在"时间线"面板中进行调整。

3.2.1 使用遮罩设计图形

步骤① 在"项目"面板中单击鼠标右键，在弹出的菜单中选择"新建合成组"命令，弹出"图像合成设置"对话框。在"合成组名称"文本框中输入"遮罩"，其他选项的设置如图 3-2 所示，设置完成后，单击"确定"按钮，完成图像合成的创建。

步骤② 在"项目"面板中单击鼠标右键，在弹出的列表中选择"导入 > 文件"命令，在弹出的对话框中，选择云盘中的"基础素材 > Ch03 > 02.jpg ~ 05.jpg"文件，单击"打开"按钮，将文件导入"项目"面板中，如图 3-3 所示，并将它们拖曳到"时间线"面板中。

步骤③ 在"时间线"面板中单击"眼睛"按钮 👁，隐藏"03.jpg"层和"05.jpg"层，选中"04.jpg"层，如图 3-4 所示；选择"钢笔"工具 ✎，在"合成"窗口中绘制一个遮罩形状，效果如图 3-5 所示。

图 3-2

图 3-3

图 3-4

图 3-5

步骤④ 选中 "05.jpg" 层，单击 "05.jpg" 层左侧的□方框，显示该图层，如图 3-6 所示；选择 "椭圆形遮罩" 工具 ，在 "合成" 窗口右侧拖曳鼠标绘制椭圆形遮罩，效果如图 3-7 所示。

图 3-6

图 3-7

步骤⑤ 选中 "03.jpg" 层，单击 "图层 1" 左侧的□方框，显示该图层，如图 3-8 所示；选择 "星形" 工具 ，在 "合成" 窗口中绘制一个星形遮罩，如图 3-9 所示。

图 3-8

图 3-9

3.2.2 调整遮罩图形形状

选择"钢笔"工具，在"合成"窗口中绘制遮罩图形，如图 3-10 所示。选择"顶点转换"工具，单击一个节点，将该节点转换为平滑节点；在节点处拖曳鼠标，显示调节手柄，拖曳调节手柄可以调整线段的弧度，如图 3-11 所示。

图 3-10

图 3-11

使用"顶点添加"工具和"顶点清除"工具添加或删除节点。选择"顶点添加"工具，将鼠标指针移动到需要添加节点的线段处单击，该线段会添加一个节点，如图 3-12 所示；选择"顶点清除"工具，单击任意节点，节点被删除，如图 3-13 所示。

图 3-12

图 3-13

3.2.3 遮罩的变换

选择"选择"工具 ，在遮罩边线上双击，可以创建一个遮罩调节框，将鼠标指针移动到调节框的右上角，出现旋转图标 时，拖曳鼠标可以对整个遮罩图形进行旋转，如图 3-14 所示；将鼠标指针移动到边线中心点的位置，出现双向箭头 时，拖曳鼠标可以调整该框线的位置，如图 3-15 所示。

图 3-14   图 3-15

3.2.4 课堂案例——粒子文字

案例学习目标

学习使用 Particular 插件制作粒子文字和调整遮罩图形。

案例知识要点

建立新的合成并命名；使用"横排文字工具"输入并编辑文字；使用"卡通"命令制作背景效果；将多个合成拖曳到"时间线"面板中，编辑形状遮罩。粒子文字效果如图 3-16 所示。

微课：粒子
文字

扫码查看
扩展案例

图 3-16

效果所在位置

云盘\Ch03\粒子文字\粒子文字.aep。

1．输入文字并制作粒子

步骤① 按 Ctrl+N 组合键，弹出"图像合成设置"对话框，在"合成组名称"文本框中输入"文字"，其他选项的设置如图 3-17 所示，单击"确定"按钮，创建一个新的合成"文字"。

步骤② 选择"横排文字"工具 **T**，在"合成"窗口输入英文"COLD CENTURY"，选中英文，在"文字"面板中设置"填充色"为白色，其他参数设置如图 3-18 所示。"合成"窗口中的效果如图 3-19 所示。

图 3-17　　　　　　　　　图 3-18　　　　　　　　　图 3-19

步骤③ 再次创建一个新的合成并命名为"粒子文字"，如图 3-20 所示。选择"文件 > 导入 > 文件"命令，弹出"导入文件"对话框，选择云盘中的"Ch03\粒子文字\ (Footage) \01.jpg"文件，单击"打开"按钮，导入"01.jpg"文件，并将其拖曳到"时间线"面板中，如图 3-21 所示。

图 3-20　　　　　　　　　　　　　　　　图 3-21

步骤④ 选中"01.jpg"层，选择"效果 > 风格化 > 卡通"命令，在"特效控制台"面板中设置参数，如图 3-22 所示。"合成"窗口中的效果如图 3-23 所示。

步骤⑤ 在"项目"面板中，选中"文字"合成并将其拖曳到"时间线"面板中，单击"文字"层前面的"眼睛"按钮 👁，隐藏该层，如图 3-24 所示。单击"文字"层右面的"3D 图层"按钮 🧊 下方的方框，打开三维属性，如图 3-25 所示。

图 3-22

图 3-23

图 3-24

图 3-25

步骤⑥ 在当前合成中新建立一个黑色固态层"粒子1"。选中"粒子1"层,选择"效果 > Trapcode> Particular"命令,展开"Emitter"属性,在"特效控制台"面板中设置参数,如图 3-26 所示。展开"Particle"属性,在"特效控制台"面板中设置参数,如图 3-27 所示。

图 3-26

图 3-27

步骤⑦ 展开"Physics"选项下的"Air"属性,在"特效控制台"面板中设置参数,如图 3-28 所示。展开"Turbulence Field"属性,在"特效控制台"面板中设置参数,如图 3-29 所示。

步骤⑧ 展开"Rendering"选项下的"Motion Blur"属性,单击"Motion Blur"右边的下拉按钮,在弹出的下拉菜单中选择"On",如图 3-30 所示。设置完毕后,"时间线"面板中自动添加一个灯光层,如图 3-31 所示。

步骤⑨ 选中"粒子1"层,将时间标签放置在 0s 的位置。在"时间线"面板中分别单击"Emitter"下的"Particles/sec",单击"Physics/Air"下的"Spin Amplitude",以及"Turbulence Field"下的"Affect Size"和"Affect Position"选项左侧的"关键帧自动记录器"按钮,如图 3-32 所示,记录第 1 个关键帧。

图 3-28　　　　　　　　　　图 3-29　　　　　　　　　　图 3-30

图 3-31

步骤 ⑩ 将时间标签放置在 1s 的位置。在"时间线"面板中设置"Particles/sec"选项的数值为 0，"Spin Amplitude"选项的数值为 50.0，"Affect Size"选项的数值为 20.0，"Affect Position"选项的数值为 500.0，如图 3-33 所示，记录第 2 个关键帧。

图 3-32

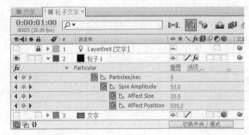

图 3-33

步骤 ⑪ 将时间标签放置在 3s 的位置，在"时间线"面板中设置"Particles/sec"选项的数值为 0，"Spin Amplitude"选项的数值为 30.0，"Affect Size"选项的数值为 5.0，"Affect Position"选项的数值为 5.0，如图 3-34 所示，记录第 3 个关键帧。

图 3-34

2. 制作形状遮罩

步骤 ❶ 在"项目"面板中，选中"文字"合成并将其拖曳到"时间线"面板中，将时间标签放置在 2s 的位置，按 [键，设置动画的入点，如图 3-35 所示。在"时间线"面板中选中"图层 1"，选择"矩形遮罩"工具 ▣，在"合成"窗口中拖曳鼠标绘制一个矩形遮罩，如图 3-36 所示。

图 3-35　　　　　　　　　　　　　　　　图 3-36

步骤 ❷ 选中"图层 1"，按 M 键两次展开"遮罩"属性。单击"遮罩形状"选项左侧的"关键帧自动记录器"按钮 ⊙，如图 3-37 所示，记录第 1 个"遮罩形状"关键帧。将时间标签放置在 4s 的位置。选择"选择"工具 ▶，在"合成"窗口中，同时选中"遮罩形状"右边的两个控制点，将控制点向右拖曳到图 3-38 所示的位置，在 4s 的位置再次记录 1 个关键帧。

图 3-37　　　　　　　　　　　　　　　　图 3-38

步骤 ❸ 在当前合成中新建一个黑色固态层"粒子 2"。选中"粒子 2"层，选择"效果 > Trapcode> Particular"命令，展开"Emitter"属性，在"特效控制台"面板中设置参数，如图 3-39 所示。展开"Particle"属性，在"特效控制台"面板中设置参数，如图 3-40 所示。

步骤 ❹ 展开"Physics"属性，设置"Grarity"选项的数值为-100.0，展开"Air"属性，在"特效控制台"面板中设置参数，如图 3-41 所示。

步骤 ❺ 展开"Turbulence Field"属性，在"特效控制台"面板中设置参数，如图 3-42 所示。展开"Rendering"选项下的"Motion Blur"属性，单击"Motion Blur"右边的下拉按钮，在弹出的下拉菜单中选择"On"，如图 3-43 所示。

步骤 ❻ 将时间标签放置在 0s 的位置，在"时间线"面板中，分别单击"Emitter"下的"Particles/sec"和"Position XY"选项左侧的"关键帧自动记录器"按钮 ⊙，记录第 1 个关键帧，如图 3-44 所示。将时间标签放置在 2s 的位置，在"时间线"面板中，设置"Particles/sec"选项的数值为 5000.0，"Position XY" 选项的数值为 120.0、280.0，如图 3-45 所示，记录第 2 个关键帧。

图 3-39　　　　　　　　　　图 3-40　　　　　　　　　　图 3-41

图 3-42

图 3-43

图 3-44

图 3-45

步骤 ⑦ 将时间标签放置在 3s 的位置，在 "时间线" 面板中，设置 "Particles/sec" 选项的数值为 0，"Position XY" 选项的数值为 600.0、280.0，如图 3-46 所示，记录第 3 个关键帧。

图 3-46

步骤⑧ 粒子文字制作完成，如图 3-47 所示。

图 3-47

3.3 遮罩的基本操作

在 After Effects 中，可以使用多种方式来编辑遮罩，还可以在时间轴面板中调整遮罩的属性。下面对这些遮罩的基本操作进行详细讲解。

遮罩不是一个简单的轮廓，在"时间线"中，可以对遮罩的其他属性进行详细设置。

单击层标签颜色前面的小三角形按钮▶，展开层属性，如果层上含有遮罩，就可以看到遮罩。单击遮罩名称前小三角形按钮▶，即可展开各个遮罩路径，单击其中任意一个遮罩路径颜色前面的小三角形按钮▶，即可展开关于此遮罩路径的属性，如图 3-48 所示。

图 3-48

> 提示
>
> 选中层，连续按两次 M 键，即可展开此层遮罩路径的所有属性。

◎ 遮罩路径颜色设置：在参数图标上单击鼠标，可以弹出颜色对话框，选择适合的颜色加以区别。

◎ 设置遮罩路径名称：按 Enter 键即可出现修改输入框，修改完成后再次按 Enter 键即可。

◎ 选择遮罩混合模式：当本层含有多个遮罩时，可以选择适当的混合模式。需要注意的是多个遮罩的上下层次关系对混合模式产生的最终效果有很大影响。After Effects 处理过程是从上至下逐一地处理。

无：选择此模式的路径将不起到遮罩作用，仅仅作为路径存在，作为勾边、光线动画或者路径动画的依据，如图 3-49 和图 3-50 所示。

图 3-49   图 3-50

加：遮罩相加模式，将当前遮罩区域与之上的遮罩区域进行相加处理，对于遮罩重叠处的透明度则采取在原透明度的值的基础上再进行一次百分比相加运算的方式处理。例如，某遮罩作用前，遮罩重叠区域画面透明度为 50%，如果当前遮罩的透明度是 50%，运算后的最终得出的遮罩重叠区域画面透明度是 75%，如图 3-51 和图 3-52 所示。

图 3-51   图 3-52

减：遮罩相减模式，将当前遮罩上面所有遮罩组合的结果进行相减，当前遮罩区域内容不显示。如果同时调整遮罩的透明度，则透明度值越低，遮罩重叠区域内变得越透明，相减混合越来越弱；而透明度值越高，遮罩重叠区域内越不透明，因为相减混合起完全作用，如图 3-53 和图 3-54 所示。

例如，某遮罩作用前，遮罩重叠区域画面透明度为 80%，如当前遮罩设置的透明度是 50%，运算后最终得出的遮罩重叠区域画面透明度为 40%，如图 3-55 和图 3-56 所示。

图 3-53

两个遮罩透明度都为 100% 的情况

图 3-54

图 3-55

上面遮罩的透明度为 80%，当前遮罩的透明度为 50% 的情况

图 3-56

交叉：采取交集方式混合遮罩，只显示当前遮罩与上面所有遮罩组合的结果相交部分的内容，相交区域内的透明度是在上面遮罩的基础上再进行一次百分比运算，如图 3-57 和图 3-58 所示。例如，某遮罩作用前遮罩重叠画面透明度为 60%，如果当前遮罩设置的透明度为 50%，运算后的最终得出的画面的透明度为 30%，如图 3-59 和图 3-60 所示。

图 3-57

两个遮罩不透明度都为 100% 的情况

图 3-58

图 3-59

上面遮罩的透明度为 60%，当前遮罩的透明度为 50% 的情况

图 3-60

变亮：对于可视区域范围来讲，此模式与"加"模式一样，但是对于遮罩重叠处的透明度则采用透明度值较高的那个值。例如，某遮罩作用前遮罩的重叠区域画面透明度为 60%，如果当前遮罩设置的透明度为 80%，运算后最终得出的遮罩重叠区域画面透明度为 80%，如图 3-61 和图 3-62 所示。

图 3-61

图 3-62

变暗：对于可视区域范围来讲，此模式与"减"模式一样，但是对于遮罩重叠处的不透明度采用透明度值较低的那个值。例如，某遮罩作用前重叠区域画面透明度是 40%，如果当前遮罩设置的透明度为 100%，运算后最终得出的遮罩重叠区域画面透明度为 40%，如图 3-63 和图 3-64 所示。

图 3-63

图 3-64

差值：此模板对于可视区域采取的是并集减交集的方式。也就是说，先将当前遮罩与上面所有遮罩组合的结果进行并集运算，再将当前遮罩与上面所有遮罩组合的结果相交部分进行相减。关于透明度，与上面

遮罩结果未相交部分采取当前遮罩透明度设置，相交部分采用两者之间的差值，如图3-65和图3-66所示。例如，某遮罩作用前重叠区域画面透明度为40%，如果当前遮罩设置的透明度为60%，运算后最终得出的遮罩重叠区域画面透明度为20%。当前遮罩未重叠区域透明度为60%，如图3-67和图3-68所示。

两个遮罩透明度都为100%的情况

图 3-65   图 3-66

上面遮罩的透明度为40%，当前遮罩的透明度为60%的情况

图 3-67   图 3-68

◎ 反转：将遮罩进行反向处理，如图3-69和图3-70所示。

未激活的反转时的效果   激活了反转时的效果

图 3-69   图 3-70

◎ 设置遮罩动画的属性区：在此列中可以设置关键帧动画处理的遮罩属性。

　　遮罩形状：遮罩形状设置，单击右侧的"形状"文字按钮，或选择"图层 > 遮罩 > 遮罩形状"命令，可以弹出"遮罩形状"对话框。

　　遮罩羽化：遮罩羽化控制，可以通过羽化遮罩得到更自然的融合效果，并且 x 轴向和 y 轴向可以有不同的羽化程度。单击前面的 ⊜ 按钮，可以将两个轴向锁定和释放。遮罩羽化效果如图 3-71 所示。

图 3-71

　　遮罩透明度：遮罩透明度的调整，如图 3-72 和图 3-73 所示。

透明度为 100% 时的效果

图 3-72

透明度为 50% 时的效果

图 3-73

　　遮罩扩展：调整遮罩的扩展程度，正值为扩展遮罩区域，负值为收缩遮罩区域，如图 3-74 和图 3-75 所示。

遮罩扩展设置为 100 时的效果

图 3-74

遮罩扩展设置为 -100 时的效果

图 3-75

课堂练习——调色效果

练习知识要点

使用"粒子运动""变换"和"快速模糊"命令制作线条效果，利用"缩放"属性制作缩放效果。调色效果如图 3-76 所示。

微课：调色
效果

图 3-76

效果所在位置

云盘\Ch03\调色效果\调色效果.aep。

课后习题——动感相册

习题知识要点

使用"导入"命令导入素材，使用"矩形遮罩"工具和"椭圆遮罩"工具制作照片动画效果，使用"时间线"面板控制动画的出场时间。动感相册效果如图 3-77 所示。

微课：动感
相册

图 3-77

效果所在位置

云盘\Ch03\动感相册\动感相册.aep。

04

第 4 章
应用时间线制作特效

应用时间线制作特效是 After Effects 的重要功能，本章详细讲解时间线的应用和调整、关键帧概念、关键帧的基本操作等功能。读者通过学习本章的内容，能够应用时间线来制作视频特效。

课堂学习目标

✓ 熟悉时间线及基相关操作
✓ 理解关键帧的概念
✓ 掌握关键帧的基本操作

4.1 时间线

通过对时间线的控制，可以把正常播放速度的画面加速或减慢，甚至反向播放，还可以产生一些非常有趣的或者富有戏剧性的动态图像效果。

4.1.1 使用时间线控制速度

选择"文件 > 打开项目…"命令，选择云盘中的"基础素材\Ch04\项目 1.aep"文件，单击"打开"按钮打开文件。

在"时间线"面板中，单击按钮 ⬍，展开"时间伸缩"属性，如图 4-1 所示。伸缩属性可以加快或者放慢动态素材层的时间，默认情况下伸缩值为 100%，表示正常速度播放片段；小于 100%时，会加快播放速度；大于 100%时，将减慢播放速度。不过时间伸缩不可以形成关键帧，因此不能制作时间速度变化的动画特效。

图 4-1

4.1.2 设置声音的时间线属性

除了视频，在 After Effects 里还可以对音频应用伸缩功能。调整音频层中的伸缩值，随着伸缩值的变化，音频的播放速度发生变化。

如果某个素材层同时包含音频和视频信息，在进行伸缩速度调整时，希望只影响视频信息，而音频信息保持正常速度播放。这样，就需要将该素材层复制一份，两个层中一个关闭视频信息，但保留音频部分，不做伸缩改变；另一个关闭音频信息，保留视频部分，进行伸缩调整，如图 4-2 所示。

图 4-2

4.1.3 设置入点和出点参数

入点和出点参数面板可以方便地控制层的入点和出点信息，此外，它还包括一些快捷功能。通过它们同样可以改变素材片段的播放速度，改变伸缩值。

在"时间线"面板中，调整当前时间标签到某个时间位置，按住 Ctrl 键的同时，单击入点或者出点参数，即可实现素材片段播放速度的改变，如图 4-3 所示。

图 4-3

4.1.4 时间线上的关键帧

如果素材层上已经制作了关键帧动画，那么在改变其伸缩值时，不仅会影响其本身的播放速度，关键帧之间的时间距离也会随之改变。例如，将伸缩值设置为 50%，那么关键帧之间的时间距离就会缩短一半，关键帧动画速度加快一倍，如图 4-4 所示。

图 4-4

如果不希望改变伸缩值时影响关键帧时间位置，则需要全选当前层的所有关键帧，然后选择"编辑 > 剪切"命令，或按 Ctrl+X 组合键，暂时将关键帧信息剪切到系统剪贴板中，调整伸缩值，在改变素材层的播放速度后，选取使用关键帧的属性，再选择"编辑 > 粘贴"命令，或按 Ctrl+V 组合键，将关键帧粘贴回当前层。

4.1.5 颠倒时间

在视频节目中，经常会看到倒放的动态影像，利用伸缩属性可以很方便地实现这一点，把伸缩值调整为负值即可。例如，保持片段原来的播放速度，只是实现倒放，可以将伸缩值设置为-100%，如图 4-5 所示。

当伸缩值设置为负值时，图层上出现红色的斜线，表示已经颠倒时间。但是图层会移动到别的地方，这是因为颠倒时间是以图层的入点为变化基准，所以反向时导致位置上的变动，将其拖曳到合适位置即可。

图 4-5

4.1.6　确定时间调整基准点

在进行时间拉伸的过程中，已经发现变化时的基准点在默认情况下就是入点，在颠倒时间的操作中可以更明显地感受到这一点。其实在 After Effects 中，时间调整的基准点同样是可以改变的。

单击伸缩参数，弹出"时间伸缩"对话框，在对话框中的"放置保持"设置区域可以设置在改变时间伸缩值时层变化的基准点，如图 4-6 所示。

图 4-6

层入点：以层入点为基准，也就是在调整过程中，固定入点位置。

当前帧：以当前时间指针为基准，也就是在调整过程中，同时影响入点和出点位置。

层出点：以层出点为基准，也就是在调整过程中，固定出点位置。

4.1.7　课堂案例——粒子汇集文字

案例学习目标

学习输入文字、在文字上添加滤镜和动画倒放效果。

案例知识要点

使用"横排文字"工具编辑文字，使用"CC 像素多边形"命令制作文字粒子特效，使用"辉光"命令、"Shine"命令制作文字发光，使用"时间伸缩"命令制作动画倒放效果。粒子汇集文字效果如图 4-7 所示。

图 4-7

扫码查看
扩展案例

微课：粒子
汇集文字

◎ 效果所在位置

云盘\Ch04\粒子汇集文字\粒子汇集文字.aep。

1. 输入文字

步骤① 按 Ctrl+N 组合键，弹出"图像合成设置"对话框，在"合成组名称"选项的文本框中输入"粒子发散"，其他选项的设置如图 4-8 所示，单击"确定"按钮，创建一个新的合成"粒子发散"。

步骤② 选择"横排文字"工具 T，在"合成"窗口输入文字"AFTER EFFECTS"。选中文字，在"文字"面板中设置文字参数，如图 4-9 所示。"合成"窗口中的效果如图 4-10 所示。

图 4-8

图 4-9

图 4-10

2. 添加文字特效

步骤① 选中文字层，选择"效果 > 模拟仿真 > CC 像素多边形"命令，在"特效控制台"面板中进行参数设置，如图 4-11 所示。"合成"窗口中的效果如图 4-12 所示。

步骤② 选中文字层，将时间标签放置在 0:00:00:00 的位置，在"特效控制台"面板中，单击"力度"选项左侧的"关键帧自动记录器"按钮 ◔，记录第 1 个关键帧，如图 4-13 所示。将时间标签放置在 0:00:04:24 的位置，在"特效控制台"面板中，设置"力度"选项的数值为−0.6，如图 4-14 所示，记录第 2 个关键帧。

图 4-11

图 4-12

图 4-13

图 4-14

步骤③ 将时间标签放置在 0:00:03:00 的位置，在"特效控制台"面板中，单击"重力"选项前面的"关键帧自动记录器"按钮 ⓑ，记录第 1 个关键帧，如图 4-15 所示。将时间标签放置在 0:00:04:00 的位置，在"特效控制台"面板中设置"重力"选项的数值为 3.00，如图 4-16 所示，记录第 2 个关键帧。

图 4-15

图 4-16

步骤④ 选择"效果 > 风格化 > 辉光"命令，在"特效控制台"面板中，设置"颜色 A"为红色（其 R、G、B 的值分别为 255、0、0），"颜色 B"为黄色（其 R、G、B 的值分别为 255、254、130），其他参数设置如图 4-17 所示。"合成"窗口中的效果如图 4-18 所示。

步骤⑤ 选中文字层，选择"效果 > Trapcode > Shine"命令，在"效果控件"面板中进行参数设置，如图 4-19 所示。"合成"窗口中的效果如图 4-20 所示。

图 4-17

图 4-18

图 4-19

图 4-20

3. 制作动画倒放效果

步骤① 按 Ctrl+N 组合键，弹出"图像合成设置"对话框，在"合成组名称"文本框中输入"粒子汇集"，其他选项的设置如图 4-21 所示，单击"确定"按钮，创建一个新的合成"粒子汇集"。选择"文件 > 导入 > 文件"命令，弹出"导入文件"对话框，选择云盘中的"Ch04\粒子汇集文字\(Footage)\ 01.jpg"文件，单击"打开"按钮，导入背景图片，并将"粒子发散"合成和"01.jpg"文件拖曳到"时间线"面板中，如图 4-22 所示。

图 4-21

图 4-22

步骤② 选中"粒子发散"层，选择"图层 > 时间 > 时间伸缩"命令，弹出"时间伸缩"对话框，设置"伸缩比率"选项的数值为-100%，如图 4-23 所示，单击"确定"按钮完成设置。时间标签自动移到 0：00：00：00 位置，按 [键将素材对齐，如图 4-24 所示，实现倒放功能。

图 4-23

图 4-24

步骤③ 粒子汇集文字制作完成，如图 4-25 所示。

图 4-25

4.2 理解关键帧概念

在 After Effects 中，把包含关键信息的帧称为关键帧。定位点、旋转和透明度等所有能够用数值表示的信息都包含在关键帧中。

在制作电影中，通常是要制作许多不同的片段，然后将片段连接到一起才能制作成电影。对于制作的人来说，每一个片段的开头和结尾都要做上一个标记，这样在看到标记时就知道这一段内容是什么。

After Effects 依据前后两个关键帧，识别动画开始和结束的状态，并自动计算中间的动画过程（此过程也叫插值运算），产生视觉动画。这也就意味着，要产生关键帧动画，就必须拥有两个或两个以上有变化的关键帧。

4.3 关键帧的基本操作

在 After Effects 中，可以添加、选择和编辑关键帧，还可以使用"关键帧自动记录器"来记录关键帧。下面将对关键帧的基本操作进行具体讲解。

4.3.1　关键帧自动记录器

After Effects 提供了非常丰富的方法调整和设置层的各个属性，但是在普通状态下这种设置被看待为针对整个持续时间的，如果要进行动画处理，则必须单击"关键帧自动记录器"按钮 ⚙，记录两个或两个以上的、含有不同变化信息的关键帧，如图 4-26 所示。

图 4-26

关键帧自动记录器为启用状态，此时 After Effects 将自动记录当前时间指针下该层该属性的任何变动，形成关键帧。如果关闭属性的关键帧自动记录器 ⚙，则此属性的所有已有的关键帧将被删除，由于缺少关键帧，动画信息丢失，再次调整属性时，被视为针对整个持续时间的调整。

4.3.2　添加关键帧

添加关键帧的方式有很多，基本方法是首先激活某属性的关键帧自动记录器，然后改变属性值，在当前时间指针处将形成关键帧，具体操作步骤如下。

步骤① 选中某层，通过单击小三角形钮▶或按属性的快捷键，展开层的属性。

步骤② 将当前的时间标签移动到建立第一个关键帧的时间位置。

步骤③ 单击某属性左侧的"关键帧自动记录器"按钮 ⚙，当前时间标签位置将产生第一个关键帧◇，调整此属性到合适值。

步骤④ 将当前时间标签移动到建立下一个关键帧的时间位置，在"合成"预览窗口或者"时间线"面板调整相应的层属性，关键帧将自动产生。

步骤⑤ 按 0 键，预览动画。

　　　　如果某层的蒙版属性打开了关键帧自动记录器，那么在图层预览窗口中调整蒙版时也会产生关键帧信息。

另外，单击"时间线"控制区中的关键帧面板◀ ◇ ▶中间的◇按钮，可以添加关键帧；如果在已经有关键帧的情况下单击此按钮，则将已有的关键帧删除。该按钮对应的快捷键是 Alt+Shift+属性快捷键，例如 Alt+Shift+P 组合键。

4.3.3　关键帧导航

在"时间线"控制区的关键帧面板中，最主要的功能就是关键帧导航。通过关键帧导航可以快速跳转到上一个或下一个关键帧位置，还可以方便地添加或者删除关键帧。如果此面板没有显示，单击"时间线"面板右上方的按钮 ≡，在弹出的列表中选择"显示栏目 > A/V 功能"命令，即可打开此面板，如图 4-27 所示。

图 4-27

 既然要对关键帧进行导航操作，就必须将关键帧呈现出来，按 U 键，可以展示层中所有关键帧动画信息。

◀跳转到上一个关键帧位置，其快捷键是 J。

▶跳转到下一个关键帧位置，其快捷键是 K。

 关键帧导航按钮仅针对本属性的关键帧进行导航，而快捷键 J 和 K 则可以针对画面中展现的所有关键帧进行导航，这是有区别的。

"添加删除关键帧" 按钮 ^ ：当前无关键帧状态，单击此按钮将生成关键帧。

"添加删除关键帧" 按钮 ◇ ：当前已有关键帧状态，单击此按钮将删除关键帧。

4.3.4 选择关键帧

1. 选择单个关键帧

在"时间线"面板中，展开含有关键帧的属性，用鼠标单击某个关键帧，此关键帧即被选中。

2. 选择多个关键帧

◎ 在"时间线"面板中，按住 Shift 键的同时，逐个选择关键帧，即可完成多个关键帧的选择。

◎ 在"时间线"面板中，用鼠标拖曳出一个选取框，选取框内的所有关键帧即被选中，如图 4-28 所示。

图 4-28

3. 选择所有关键帧

单击层属性名称，即可选择所有关键帧，如图 4-29 所示。

图 4-29

4.3.5　编辑关键帧

1. 编辑关键帧值

在关键帧上双击鼠标，在弹出的对话框中进行设置，如图 4-30 所示。

> **提示**　不同的属性对话框中呈现的内容也会不同，图 4-30 展现的是双击"缩放"属性关键帧时弹出的对话框。

图 4-30

如果要在"合成"预览窗口或者"时间线"面板中编辑关键帧，就必须选中当前关键帧，否则编辑关键帧操作将变成生成新的关键帧操作，如图 4-31 所示。

图 4-31

> **提示**　按住 Shift 键的同时移动当前时间标签，当前标签将自动对齐最近的一个关键帧；按住 Shift 键的同时移动关键帧，关键帧将自动对齐当前时间标签。

同时改变某一属性的几个或所有关键帧的值，需要同时选中几个或者所有关键帧，并确定当前时间标签刚好对齐被选中的某一个关键帧，再进行修改，如图 4-32 所示。

图 4-32

2. 移动关键帧

选中单个或者多个关键帧，按住鼠标，将其拖曳到目标时间位置即可完成关键帧的移动。按住 Shift 键的同时进行操作，可以锁定到当前时间标签位置。

3. 复制关键帧

复制关键帧操作可以大大提高创作效率，避免一些重复性的操作，但是在粘贴操作前一定要注意当前选择的目标层、目标层的目标属性以及当前时间指针所在位置，因为这是粘贴操作的重要依据。具体操作步骤如下。

步骤① 选中要复制的单个或多个关键帧，甚至是多个属性的多个关键帧，如图 4-33 所示。

图 4-33

步骤② 选择"编辑 > 复制"命令，将选中的多个关键帧复制。选择目标层，将时间标签移动到目标时间位置，如图 4-34 所示。

图 4-34

步骤③ 选择"编辑 > 粘贴"命令，将复制的关键帧粘贴，如图 4-35 所示。

图 4-35

关键帧不仅可以粘贴在本层属性上，也可以粘贴到其他层相同属性上。无论是粘贴到本层还是其他层的属性，都要保证两个属性的数据类型一致，例如，将某个二维层的"位置"动画信息复制、粘贴到另一个二维层的"定位点"属性上，由于两个属性的数据类型是一致的（都是 X 轴向和 Y 轴向的两个值），所以可以实现复制操作。只要在粘贴操作前，确定选中目标层的目标属性即可，如图 4-36 所示。

图 4-36

  如果粘贴的关键帧与目标层上的关键帧在同一时间位置，将覆盖目标层上原来的关键帧。另外，层的属性值在无关键帧时也可以进行复制，通常用于不同层间的属性统一操作。

4. 删除关键帧

◎ 选中需要删除的单个或多个关键帧，选择"编辑 > 清除"命令，进行删除操作。

◎ 选中需要删除的单个或多个关键帧，按 Delete 键，即可完成删除操作。

◎ 当前时间标签对齐关键帧，关键帧面板中的添加删除关键帧按钮呈现◇状态，单击此状态下的这个按钮将删除当前关键帧，或按 Alt+Shift+属性快捷键，例如 Alt+Shift+P 组合键。

◎ 如果要删除某属性的所有关键帧，则单击属性的名称选中全部关键帧，然后按 Delete 键；单击关键帧属性前的"关键帧自动记录器"按钮◎，将其关闭，也起到删除关键帧的作用。

4.3.6　课堂案例——活泼的小蝌蚪

 案例学习目标

学习编辑关键帧，使用关键帧制作活泼的小蝌蚪效果。

 案例知识要点

使用层编辑蝌蚪大小与方向，使用"动态草图"命令绘制动画路径并自动添加关键帧，使用"平滑器"命令自动减少关键帧，使用"阴影"命令给蝌蚪添加投影。活泼的小蝌蚪效果如图 4-37 所示。

⊙ 效果所在位置

云盘\Ch04\活泼的小蝌蚪\活泼的小蝌蚪.aep。

图 4-37

微课：活泼的
小蝌蚪

扫码查看
扩展案例

1. 导入文件并编辑动画

步骤① 按 Ctrl+N 组合键，弹出"图像合成设置"对话框，在"合成组名称"文本框中输入"活泼的小蝌蚪"，其他选项的设置如图 4-38 所示，单击"确定"按钮，创建一个新的合成"活泼的小蝌蚪"。选择"文件 > 导入 > 文件"命令，弹出"导入文件"对话框，选择云盘中的"Ch04\活泼的小蝌蚪\ (Footage) 01.jpg、02.psd、03.png"文件，单击"打开"按钮，导入图片到"项目"面板中，如图 4-39 所示。

图 4-38

图 4-39

步骤② 在"项目"面板中，选择"01.jpg"和"02.psd"文件并将其拖曳到"时间线"面板中，如图 4-40 所示。选中"02.psd"层，按 P 键，展开"位置"属性，设置"位置"选项的数值为 232.0、416.0，如图 4-41 所示。

图 4-40

图 4-41

步骤 ③ 选中"02.psd"层，按 S 键，展开"缩放"属性，设置"缩放"选项的数值为 52%，如图 4-42 所示。选择"定位点"工具 ，在"合成"窗口中调整蝌蚪的中心点位置，如图 4-43 所示。

图 4-42　　　　　　　　　　　　　　　　图 4-43

步骤 ④ 按 R 键，展开"旋转"属性，设置"旋转"选项的圈数、度数数值为" 0 x+、100.0° "，如图 4-44 所示。"合成"窗口中的效果如图 4-45 所示。

图 4-44　　　　　　　　　　　　　　　　图 4-45

步骤 ⑤ 选择"窗口 > 动态草图"命令，弹出"动态草图"面板，在面板中设置参数，如图 4-46 所示，单击"开始采集"按钮。当"合成"窗口中的鼠标指针变成十字形状时，在面板中绘制运动路径，如图 4-47 所示。

图 4-46　　　　　　　　　　　　　　　　图 4-47

步骤⑥ 选择"图层 > 变换 > 自动定向"命令，弹出"自动定向"对话框，在对话框中选择"沿路径方向设置"选项，如图 4-48 所示，单击"确定"按钮。"合成"窗口中的效果如图 4-49 所示。

图 4-48

图 4-49

步骤⑦ 按 P 键，展开"位置"属性，用框选的方法选中所有的关键帧，选择"窗口 > 平滑器"命令，打开"平滑器"面板，在面板中设置参数，如图 4-50 所示，单击"应用"按钮。"合成"窗口中的效果如图 4-51 所示。制作完成后动画会更加流畅。

图 4-50

图 4-51

步骤⑧ 选择"效果 > 透视 > 阴影"命令，在"特效控制台"面板中进行参数设置，如图 4-52 所示。"合成"窗口中的效果如图 4-53 所示。

图 4-52

图 4-53

步骤⑨ 单击鼠标右键，选择"切换开关 > 动态模糊"命令，在"时间线"面板中打开动态模糊

开关 ，如图 4-54 所示。"合成"窗口中的效果如图 4-55 所示。

图 4-54

图 4-55

2. 编辑复制层

步骤① 选中"02.psd"层，按 Ctrl+D 组合键复制一层，如图 4-56 所示。按 P 键，展开新复制层的"位置"属性，单击"位置"选项左侧的"关键帧自动记录器"按钮 ⟳，取消所有的关键帧，如图 4-57 所示。按照上述的方法制作出另外一个蝌蚪的路径动画。

图 4-56

图 4-57

步骤② 选中"图层 1"层，将时间标签放置到 0:00:01:20 的位置，如图 4-58 所示。按 [键，设置动画的入点，如图 4-59 所示。

图 4-58

图 4-59

步骤③ 在"项目"面板中选中"03.png"文件并将其拖曳到"时间线"面板中，如图 4-60 所示。活泼的小蝌蚪制作完成，如图 4-61 所示。

图 4-60

图 4-61

课堂练习——花开放

练习知识要点

使用"导入"命令导入视频与图片,利用"缩放"属性制作缩放效果,利用"位置"属性改变文字位置,使用"色阶"命令调整颜色,使用"启用时间重置"命令添加并编辑关键帧效果。花开放效果如图 4-62 所示。

图 4-62

微课:花开放

效果所在位置

云盘\Ch04\花开放\花开放.aep。

课后习题——水墨过渡效果

习题知识要点

使用"分形杂波"命令和"快速模糊"命令制作模糊过渡效果,使用"置换映射"命令制作置换效果，利用"透明度"属性添加关键帧并编辑透明度，使用"矩形遮罩"工具绘制遮罩形状效果。水墨过渡效果如图 4-63 所示。

微课：水墨过
渡效果

图 4-63

效果所在位置

云盘\Ch04\水墨过渡效果\水墨过渡效果.aep。

05

第 5 章
创建文字和特效

本章对创建文字的方法进行详细讲解，其中包括文字工具、文字层、文字特效等。读者通过学习本章的内容，可以了解并掌握 After Effects 的文字创建技巧。

课堂学习目标

- ✔ 掌握创建文字的方法
- ✔ 掌握文字特效的制作方法

5.1 创建文字

在 After Effect 中创建文字是非常方便的，有以下几种方法。

◎ 单击工具箱中的"横排文字"工具 T，如图 5-1 所示。

图 5-1

◎ 选择"图层 > 新建 > 文字"命令，如图 5-2 所示。

图 5-2

5.1.1 文字工具

工具箱提供了建立文本的工具，包括"横排文字"工具 T 和"竖排文字"工具 IT，可以根据需要建立水平文字和垂直文字，如图 5-3 所示。文本界面中的"文字"面板提供了字体类型、字号、颜色、字间距、行间距和比例关系等设置项。"段落"面板提供了文本左对齐、中心对齐和右对齐等段落设置项，如图 5-4 所示。

图 5-3

图 5-4

5.1.2 文字层

在菜单栏中选择"图层 > 新建 > 文字"命令，可以建立一个文字层，如图 5-5 所示。建立文字层后可以直接在"合成"窗口中输入所需要的文字，如图 5-6 所示。

图 5-5

图 5-6

5.1.3 课堂案例——打字效果

案例学习目标

学习输入文本和制作打字效果。

案例知识要点

使用"横排文字"工具输入或编辑文字，使用"应用动画预置"命令制作打字动画。打字效果如图 5-7 所示。

微课：打字 　　扫码查看
效果 　　　扩展案例

图 5-7

◎ 效果所在位置

云盘\Ch05\打字效果\打字效果.aep。

1. 输入文字

步骤① 按 Ctrl+N 组合键，弹出"图像合成设置"对话框，在"合成组名称"文本框中输入"打字效果"，其他选项的设置如图 5-8 所示，单击"确定"按钮，创建一个新的合成"打字效果"。选择"文件 > 导入 > 文件"命令，弹出"导入文件"对话框，选择云盘中的"Ch05\打字效果\（Footage）01.jpg"文件，如图 5-9 所示，单击"打开"按钮，导入背景图片，并将其拖曳到"时间线"面板中。

图 5-8

图 5-9

步骤② 选择"横排文字"工具 T，在"合成"窗口输入文字"童年，是欢乐的海洋……"选中文字，在"文字"面板中设置文字参数，如图 5-10 所示。"合成"窗口中的效果如图 5-11 所示。

2. 制作打字文字效果

步骤① 选中文字层，将时间标签放置在 0:00:00:00 的位置，选择"窗口 > 效果和预置"命令，打开"效果和预置"面板，展开"动画预置"选项，双击"Text > Multi-line > Word Processor"命令，如图 5-12 所示，应用效果。"合成"窗口中的效果如图 5-13 所示。

图 5-10   图 5-11

图 5-12   图 5-13

步骤 ② 按 U 键，展开所有关键帧属性，如图 5-14 所示，选中第 2 个关键帧，设置"光标"选项的数值为 100.0，并将其移至 0:00:08:03 的位置，如图 5-15 所示。

图 5-14

图 5-15

步骤 ❸ 打字效果制作完成，如图 5-16 所示。

图 5-16

5.2　文字特效

After Effect CS6 保留了旧版本中的一些文字特效，如基本文字和路径文字，这些特效主要用于创建单纯使用"文字"工具不能实现的效果。

5.2.1　基本文字特效

"路径文字"特效用于创建文本或文本动画，可以指定文本的字体、样式、方向以及排列，如图 5-17 所示。

该特效可以将文字创建在一个现有的图像层中，通过选择"合成于原始图像上"选项，可以将文字与图像融合；取消选择该选项，则单独使用文字。该特效还提供了位置、填充与描边、大小、跟踪和行距等参数的设置，如图 5-18 所示。

图 5-17

图 5-18

5.2.2　编号特效

编号效果生成不同格式的随机数或序数，如小数、日期和时间码，甚至是当前日期和时间（在渲染时）。使用编号效果可以创建各种各样的计数器。序数的最大偏移是 30000。此效果适用于位深度为 8 的颜色。在"编号"对话框中可以设置字体、样式、方向和对齐方式等，如图 5-19 所示。

编号特效控制台面板中还提供格式、填充和描边、大小以及跟踪等设置，如图 5-20 所示。

图 5-19

图 5-20

5.2.3　时间码特效

时间码特效主要用于在素材层中显示时间信息或者关键帧上的编码信息，还可以将时间码的信息译成密码并保存于层中以供显示。在"时间码"控制面板中可以设置显示格式、源时间、文字位置、文字大小和文字色等参数，如图 5-21 所示。

图 5-21

5.2.4　课堂案例——烟飘文字

案例学习目标

学习制作文字特效。

案例知识要点

使用"横排文字"工具输入文字，使用"分形噪波"命令制作背景效果，使用"矩形遮罩"工具制作遮罩效果，使用"复合模糊"命令、"置换映射"命令制作烟飘文字效果。烟飘文字效果如图 5-22 所示。

微课：烟飘
文字

扫码查看
扩展案例

图 5-22

效果所在位置

云盘\Ch05\烟飘文字\烟飘文字.aep。

1. 输入文字

步骤① 按 Ctrl+N 组合键，弹出"图像合成设置"对话框，在"合成组名称"文本框中输入"文字"，单击"确定"按钮，创建一个新的合成"文字"，如图 5-23 所示。

步骤② 选择"横排文字"工具 T，在"合成"窗口中输入文字"Urban Night"。选中文字，在"文字"面板中设置"填充色"为蓝色（其 R、G、B 的值分别为 0、132、202）。其他参数设置如图 5-24 所示，"合成"窗口中的效果如图 5-25 所示。

图 5-23 图 5-24 图 5-25

步骤③ 按 Ctrl+N 组合键，弹出"图像合成设置"对话框，在"合成组名称"文本框中输入"噪波"，如图 5-26 所示，单击"确定"按钮，创建一个新的合成"噪波"。选择"图层 > 新建 > 固态层"命令，弹出"固态层设置"对话框，在"名称"文本框中输入文字"噪波"，将"颜色"设为灰色（其 R、G、B 的值均为 135），单击"确定"按钮，在"时间线"面板中新增一个灰色固态层，如图 5-27 所示。

步骤④ 选中"噪波"层，选择"效果 > 杂波与颗粒 > 分形噪波"命令，在"特效控制台"面板中进行参数设置，如图 5-28 所示。"合成"窗口中的效果如图 5-29 所示。

图 5-26

图 5-27

图 5-28

图 5-29

步骤⑤ 在"时间线"面板中,将时间标签放置在 0:00:00:00 的位置,在"特效控制台"面板中,单击"演变"选项左侧的"关键帧自动记录器"按钮 🕑,如图 5-30 所示,记录第 1 个关键帧。将时间标签放置在 0:00:04:24 的位置,在"特效控制台"面板中,设置"演变"选项的两个参数分别为"3x+0.0°",如图 5-31 所示,记录第 2 个关键帧。

图 5-30

图 5-31

2. 添加蒙版效果

步骤① 选择"矩形遮罩"工具 ,在"合成"窗口中拖曳鼠标绘制一个矩形遮罩,如图 5-32 所示。按 F 键,展开"遮罩羽化"属性,设置"遮罩羽化"选项的数值为 70.0,如图 5-33 所示。

图 5-32

图 5-33

步骤② 选中"噪波"层，按两次 M 键，展开"遮罩"属性，如图 5-34 所示。将时间标签放置在 0:00:00:00 的位置，单击"遮罩形状"选项左侧的"关键帧自动记录器"按钮，如图 5-35 所示，记录第 1 个遮罩形状关键帧。

图 5-34

图 5-35

步骤③ 将时间标签放置在 0:00:04:24 的位置，如图 5-36 所示。选择"选择"工具，在"合成"窗口中同时选中遮罩左边的两个控制点，将控制点向右拖曳，如图 5-37 所示，记录第 2 个遮罩形状关键帧。

图 5-36

图 5-37

步骤④ 按 Ctrl+N 组合键，创建一个新的合成，命名为"噪波 2"。选择"图层 > 新建 > 固态层"命令，新建一个灰色固态层，命名为"噪波 2"。按前面制作合成"噪波"的步骤，添加分形噪波特效并添加关键帧。选择"效果 > 色彩校正 > 曲线"命令，在"特效控制台"面板中调节曲线的参数，如图 5-38 所示。调节后，"合成"窗口的效果如图 5-39 所示。

图 5-38   图 5-39

步骤 ⑤ 按 Ctrl+N 组合键，弹出"图像合成设置"对话框，在"合成组名称"文本框中输入"烟飘文字"，单击"确定"按钮，创建一个新的合成"烟飘文字"，如图 5-40 所示。在"项目"面板中分别选中"文字""噪波"和"噪波 2"三个合成并将它们拖曳到"时间线"面板中，层的排列如图 5-41 所示。

图 5-40   图 5-41

步骤 ⑥ 选择"文件 > 导入 > 文件"命令，弹出"导入文件"对话框，选择云盘中的"Ch05\ 烟飘文字\ (Footage)\01.jpg"文件，如图 5-42 所示，单击"打开"按钮，导入背景图片，并将其拖曳到"时间线"面板中，如图 5-43 所示。

图 5-42   图 5-43

步骤⑦ 分别单击"噪波"和"噪波2"层左侧的"眼睛"按钮 ◉ ，将层隐藏。选中"文字"层，选择"效果 > 模糊与锐化 > 复合模糊"命令，在"特效控制台"面板中进行参数设置，如图5-44所示。"合成"窗口中的效果如图5-45所示。

图5-44   图5-45

步骤⑧ 在"特效控制台"面板中，单击"最大模糊"选项左侧的"关键帧自动记录器"按钮 ◎ ，如图5-46所示，记录第1个关键帧。将时间标签放置在0:00:04:24的位置，在"特效控制台"面板中，设置"最大模糊"选项的数值为0.0，如图5-47所示，记录第2个关键帧。

图5-46   图5-47

步骤⑨ 选中"文字"层，选择"效果 > 扭曲 > 置换映射"命令，在"特效控制台"面板中进行参数设置，如图5-48所示。烟飘文字制作完成，效果如图5-49所示。

图5-48   图5-49

课堂练习——飞舞数字流

练习知识要点

使用"横排文字"工具输入文字并编辑，使用"导入"命令导入文件，使用"Particular"命令制作飞舞数字。飞舞数字流效果如图 5-50 所示。

图 5-50

微课：飞舞数字流

效果所在位置

云盘\Ch05\飞舞数字流\飞舞数字流.aep。

课后习题——光效文字

习题知识要点

使用"导入"命令导入素材，使用"基本文字"命令和"路径文字"命令输入文字，使用"shine"命令制作文字发光效果。光效文字效果如图 5-51 所示。

图 5-51

微课：光效文字

效果所在位置

云盘\Ch05\光效文字\光效文字.aep。

06

第 6 章
应用特效

本章主要介绍 After Effects 中各种效果控制面板及其应用方式和参数设置，对有实用价值、存在一定难度的特效进行重点讲解。通过对本章的学习，读者可以快速了解并掌握 After Effects 特效制作的精髓部分。

课堂学习目标

- ✓ 初步了解特效
- ✓ 掌握模糊与锐化效果
- ✓ 掌握色彩校正效果
- ✓ 掌握生成效果
- ✓ 掌握扭曲效果
- ✓ 掌握杂波与颗粒效果
- ✓ 掌握模拟与仿真效果
- ✓ 掌握风格化效果

6.1 初步了解特效

After Effects 软件自带许多特效，包括音频、模糊与锐化、色彩校正、生成、扭曲、键控、杂波与颗粒、模拟仿真、风格化和文字等。效果不仅能够对影片进行丰富的艺术加工，还可以提高影片的画面质量和播放效果。

6.1.1 为图层添加效果

为图层添加效果的方法很简单，也有很多种，可以根据情况灵活应用。

◎ 在"时间线"面板，选中某个图层，选择"效果"命令中的各项效果命令即可。

◎ 在"时间线"面板，在某个图层上单击鼠标右键，在弹出的菜单中选择"效果"中的各项效果命令即可。

◎ 选择"窗口 > 效果和预置"命令，打开"效果和预置"面板，从分类中选中需要的效果，然后拖曳到"时间线"面板中的某层上即可，如图 6-1 所示。

◎ 在"时间线"面板中选择某层，然后选择"窗口 > 效果和预置"命令，打开"效果和预置"面板，从分类中选择所需的效果双击即可。

图 6-1

对于图层来讲，一个效果通常不能完全满足创作的需要。只有熟练使用以上所述的各种方法，为图层添加多个效果，才可以制作出千变万化的效果。但是，在同一图层应用多个效果时，一定要注意上下顺序，因为不同的顺序可能会产生完全不同的画面效果，如图 6-2 和图 6-3 所示。

图 6-2

改变效果顺序的方法也很简单，只要在"特效控制台"面板或者"时间线"窗口中，上下拖曳所需要的效果到目标位置即可，如图 6-4 和图 6-5 所示。

图 6-3

图 6-4

图 6-5

6.1.2　调整、复制和删除效果

1. 调整效果

为图层添加特效时，一般会自动将"特效控制台"面板打开，如果并未打开该面板，可以通过选择"窗口 > 特效控制台"命令，将"特效控制台"面板打开。

After Effects 有多种效果，且各自功能不同，调整的内容分为 5 种。

◎ 位置点定义。一般用来设置特效的中心位置。调整的方法有两种：一种是直接调整后面的参数值；另一种是单击 ⊕，在"合成"预览面板中的合适位置单击鼠标，效果如图 6-6 所示。

图 6-6

◎ 下拉菜单的选择。各种单项式参数选择，一般不能通过设置关键帧制作动画。如果是可以设置关键帧动画的，也会如图 6-7 所示，强行停止关键帧。这种变化是一种突变，不能出现连续性的渐变效果。

图 6-7

◎ 调整滑块。通过左右拖曳滑块调整数值程度。不过需要注意：滑块并不能显示参数的极限值。例如复合模糊滤镜，虽然调整滑块时的调整范围是 0~100，但是如果用直接输入数值的方法调整，最大值则能到 4000，因此滑块的调整范围一般是常用的数值段，如图 6-8 所示。

◎ 颜色选取框。主要用于选取或者改变颜色，单击将会弹出图 6-9 所示的色彩选择对话框。

◎ 角度旋转器。一般与圈数和角度设置有关，如图 6-10 所示。

图 6-8

图 6-9

图 6-10

2. 删除效果

删除 Effects 效果的方法很简单，只需要在"特效控制台"面板或者"时间线"面板中选择某个特效名称，按 Delete 键即可。

在"时间线"面板中快速展开效果的方法是：选中含有效果的图层，按 E 键。

3. 复制效果

如果是在本图层中进行特效复制，只需要在"特效控制台"面板或者"时间线"面板中选中特效，按 Ctrl+D 组合键即可实现。

如果是将特效复制到其他层使用，具体操作步骤如下。

步骤❶ 在"特效控制台"面板或者"时间线"面板中选中原图层的一个或多个效果。

步骤② 选择"编辑 > 复制"命令，或者按 Ctrl+C 组合键，完成效果复制操作。

步骤③ 在"时间线"面板中，选中目标图层，然后选择"编辑 > 粘贴"命令，或按 Ctrl+V 组合键，完成效果粘贴操作。

6.2 模糊与锐化

模糊与锐化效果用来使图像模糊和锐化。模糊效果是最常应用的效果之一，也是一种简便易行的改变画面视觉效果的途径。动态的画面需要"虚实结合"，这样即使是平面的合成，也能给人空间感和对比感，更能让人产生联想。模糊效果也可以用来提升画面的质量，有时很粗糙的画面经过模糊处理后会有良好的效果。

6.2.1 高斯模糊

高斯模糊特效用于模糊和柔化图像，可以去除杂点。高斯模糊能产生更细腻的模糊效果，尤其是单独使用的时候，如图 6-11 所示。

图 6-11

模糊量：调整图像的模糊程度。

模糊尺寸：设置模糊的方式。提供了水平、垂直、水平和垂直 3 种模糊方式。

高斯模糊特效演示如图 6-12、图 6-13 和图 6-14 所示。

图 6-12　　　　　　　　　　图 6-13　　　　　　　　　　图 6-14

6.2.2 方向模糊

方向模糊特效也称为方向模糊。这是一种十分具有动感的模糊效果，可以产生任何方向的运动视觉。当图层为草稿质量时，方向模糊应用图像边缘的平均值；当图层为最高质量的时候，应用高斯模式的模糊，产生平滑、渐变的模糊效果，如图 6-15 所示。

图 6-15

方向：调整模糊的方向。

模糊长度：调整滤镜的模糊程度，数值越大，模糊的程度也就越高。

方向模糊特效演示如图 6-16、图 6-17 和图 6-18 所示。

图 6-16　　　　　　　　　　图 6-17　　　　　　　　　　图 6-18

6.2.3　径向模糊

径向模糊特效可以在层中围绕特定点为图像增加移动或旋转模糊的效果。径向模糊特效的参数设置如图 6-19 所示。

模糊量：控制图像的模糊程度。模糊程度取决于模糊量，在旋转类型状态下模糊量表示旋转模糊程度，而在缩放类型下模糊量表示缩放模糊程度。

中心：调整模糊中心点的位置。可以通过单击按钮 ⊕ 在视频窗口中指定中心点位置。

类型：设置模糊类型。其中提供了旋转和缩放两种模糊类型。

抗锯齿：该功能只在图像的最高品质下起作用。

径向模糊特效演示如图 6-20、图 6-21 和图 6-22 所示。

图 6-19

图 6-20　　　　　　　　　　图 6-21　　　　　　　　　　图 6-22

6.2.4　快速模糊

快速模糊特效用于设置图像的模糊程度。它和高斯模糊十分类似，而在大面积应用的时候实现速度更快，效果更明显，如图 6-23 所示。

模糊量：用于设置模糊程度。

图 6-23

模糊方向：设置模糊方向，分别有水平、垂直、水平和垂直3种方式。

重复边缘像素：勾选重复边缘像素复选框，可让边缘保持清晰度。

快速模糊特效演示如图6-24、图6-25和图6-26所示。

图6-24   图6-25   图6-26

6.2.5 锐化滤镜

锐化特效用于锐化图像，在图像颜色发生变化的部位提高图像的对比度，如图6-27所示。

图6-27

锐化量：用于设置锐化的程度。

锐化特效演示如图6-28、图6-29和图6-30所示。

图6-28   图6-29   图6-30

6.2.6 课堂案例——精彩闪白

案例学习目标

学习使用多种模糊效果。

案例知识要点

使用"导入"命令导入素材，使用"快速模糊"命令、"色阶"命令制作图片编辑，使用"阴影"命令制作文字的投影效果，使用"预置特效"命令制作文字动画特效。精彩闪白效果如图6-31所示。

效果所在位置

云盘\Ch06\精彩闪白\精彩闪白.aep。

图 6-31

扫码查看
扩展案例

微课：精彩
闪白

1. 导入素材

步骤① 按 Ctrl+N 组合键，弹出"图像合成设置"对话框，在"合成组名称"文本框中输入"精彩闪白"，其他选项的设置如图 6-32 所示，单击"确定"按钮，创建一个新的合成"精彩闪白"。选择"文件 > 导入 > 文件"命令，弹出"导入文件"对话框，选择云盘中的"Ch06\精彩闪白\(Footage)\01.jpg ~ 07.jpg"共 7 个文件，如图 6-33 所示，单击"打开"按钮，导入文件。

图 6-32

图 6-33

步骤② 在"项目"面板中选中"01.jpg ~ 05.jpg"文件并将其拖曳到"时间线"面板中，层的排列如图 6-34 所示。将时间标签放置在 0:00:03:00 的位置，如图 6-35 所示。

图 6-34

图 6-35

步骤③ 选中"01.jpg"层，按 Alt+] 组合键，设置动画的出点，"时间线"面板如图 6-36 所示。用相同的方法设置"03.jpg""04.jpg"和"05.jpg"层的出点，"时间线"面板如图 6-37 所示。

图 6-36

图 6-37

步骤④ 将时间标签放置在 0∶00∶04∶00 的位置，如图 6-38 所示。选中"02.jpg"层，按 Alt+] 组合键，设置动画的出点，"时间线"面板如图 6-39 所示。

图 6-38

图 6-39

步骤⑤ 在"时间线"面板中选中"01.jpg"层，按住 Shift 键的同时选中"05.jpg"层，选中所有图层，选择"动画 > 关键帧辅助 > 序列图层"命令，弹出"序列图层"对话框，取消勾选"重叠"复选框，如图 6-40 所示，单击"确定"按钮，每个层依次排序，首尾相接，如图 6-41 所示。

图 6-40

图 6-41

步骤⑥ 选择"图层 > 新建 > 调节层"命令，在"时间线"面板中新增一个"调节层 1"，如图 6-42 所示。

图 6-42

2. 制作图像闪白

步骤① 选中"调节层 1"层，选择"效果 > 模糊与锐化 > 快速模糊"命令，在"特效控制台"面板中进行参数设置，如图 6-43 所示。"合成"窗口中的效果如图 6-44 所示。

图 6-43

图 6-44

步骤② 选中"调节层 1"层，选择"效果 > 色彩校正 > 色阶"命令，在"特效控制台"面板中进行参数设置，如图 6-45 所示。"合成"窗口中的效果如图 6-46 所示。

步骤③ 选中"调节层 1"层，在"时间线"面板中将时间标签放置在 0:00:00:00 的位置，在"特效控制台"面板中单击"快速模糊"特效中的"模糊量"选项和"色阶"特效中的"柱形图"选项左侧的"关键帧自动记录器"按钮 ◯ ，记录第 1 个关键帧，如图 6-47 所示。

图 6-45　　　　　　　　　　　图 6-46　　　　　　　　　　　图 6-47

步骤④ 将时间标签放置在 0:00:00:06 的位置，在"特效控制台"面板中，设置"模糊量"选项的数值为 0.0，"输入白色"选项的数值为 255.0，如图 6-48 所示，记录第 2 个关键帧。"合成"窗口中的效果如图 6-49 所示。

图 6-48　　　　　　　　　　　　　图 6-49

步骤⑤ 将时间标签放置在 0:00:02:04 的位置，按 U 键展开所有关键帧。在"时间线"面板中，分别单击"模糊量"选项和"柱形图"选项左侧的"在当前时间添加或移除关键帧"按钮◇，记录第 3 个关键帧，如图 6-50 所示。

图 6-50

步骤⑥ 将时间标签放置在 0:00:02:14 的位置，在"特效控制台"面板中，设置"模糊量"选项的数值为 7.0，"输入白色"选项的数值为 94.0，如图 6-51 所示，记录第 4 个关键帧。"合成"窗口中的效果如图 6-52 所示。

图 6-51

图 6-52

步骤 ⑦ 将时间标签放置在 0:00:03:08 的位置，在"特效控制台"面板中，设置"模糊量"选项的数值为 20.0，"输入白色"选项的数值为 58.0，如图 6-53 所示，记录第 5 个关键帧。"合成"窗口中的效果如图 6-54 所示。

图 6-53

图 6-54

步骤 ⑧ 将时间标签放置在 0:00:03:18 的位置，在"特效控制台"面板中，设置"模糊量"选项的数值为 0.0，"输入白色"选项的数值为 255.0，如图 6-55 所示，记录第 6 个关键帧。"合成"窗口中的效果如图 6-56 所示。

图 6-55

图 6-56

步骤⑨ 至此第一段素材与第二段素材之间的闪白动画制作完成。用同样的方法设置其他素材的闪白动画，如图 6-57 所示。

图 6-57

3．编辑文字

步骤① 在"项目"面板中选中"06.jpg"文件并将其拖曳到"时间线"面板中，层的排列如图 6-58 所示。将时间标签放置在 0:00:15:23 的位置，按 Alt+ [组合键，设置动画的入点，"时间线"面板如图 6-59 所示。

步骤② 将时间标签放置在 0:00:20:00 的位置，选择"横排文字"工具 T，在"合成"窗口中输入文字"舌尖上的食客"。选中文字，在"文字"面板中设置"填充色"为白色，在"段落"面板中设置"对齐方式"为文字居中，其他参数设置如图 6-60 所示，"合成"窗口中的效果如图 6-61 所示。

图 6-58

图 6-59

图 6-60

图 6-61

步骤③ 选中文字层，把该层拖曳到调节层的下面，选择"效果 > 透视 > 阴影"命令，在"特效控制台"面板中进行参数设置，如图 6-62 所示。"合成"窗口中的效果如图 6-63 所示。

图 6-62

图 6-63

步骤④ 将时间标签放置在 0:00:16:07 的位置，选择"窗口 > 效果和预置"命令，打开"效果和预置"面板，展开"动画预设"选项，双击"Text > Animate In > Smooth Move In"选项，为文字层添加动画效果。"合成"窗口中的效果如图 6-64 所示。

步骤⑤ 在"时间线"面板中选择文字层，按 U 键，展开所有关键帧，可以看到"Smooth Move In"动画的关键帧，如图 6-65 所示。

图 6-64

图 6-65

步骤⑥ 在"项目"面板中选中"07.jpg"文件并将其拖曳到"时间线"面板中。在"时间线"面板中，设置"07.jpg"层的混合模式为"添加"，层的排列如图 6-66 所示。将时间标签放置在 0:00:18:20 的位置，选中"07.jpg"层，按 Alt+ [组合键，设置动画的入点，"时间线"面板如图 6-67 所示。

图 6-66

图 6-67

步骤⑦ 选中"07.jpg"层，按 P 键，展开"位置"属性，单击"位置"选项左侧的"关键帧自动记录器"按钮 ⏱ ，设置"位置"选项的数值为 72.0、313.0，记录第 1 个关键帧，如图 6-68 所示。

将时间标签放置在 0:00:20:13 的位置，设置"位置"选项的数值为 826.0、313.0，记录第 2 个关键帧，如图 6-69 所示。

图 6-68

图 6-69

步骤 ⑧ 精彩闪白制作完成，如图 6-70 所示。

图 6-70

6.3 色彩校正

在视频制作过程中，对于画面颜色的处理是一项很重要的内容，有时直接影响效果的成败。色彩校正效果组下的众多特效可以用来对色彩不好的画面进行颜色修正，也可以对色彩正常的画面进行颜色调节，使其更加精彩。

6.3.1 亮度与对比度

亮度与对比度特效用于调整画面的亮度和对比度，可以同时调整所有像素的高亮、暗部和中间色，操作简单且有效，但不能对单一通道进行调节，如图 6-71 所示。

图 6-71

亮度：用于调整亮度值。正值增加亮度，负值降低亮度。

对比度：用于调整对比度值。正值增加对比度，负值降低对比度。

亮度与对比度特效演示如图 6-72、图 6-73 和图 6-74 所示。

图 6-72　　　　　　　　　　　　图 6-73　　　　　　　　　　　　图 6-74

6.3.2　曲线

曲线特效用于调整图像的色调曲线。After Effects 中的曲线控制与 Photoshop 中的曲线控制功能类似，可对图像的各个通道进行控制，调节图像色调范围。可以用 0 ~ 255 的灰阶调节颜色，也可以用色阶完成同样的工作，但是色阶曲线控制能力更强。曲线特效控制台是 After Effects 里非常重要的一个调色工具。

After Effects 可通过坐标来调整曲线。图 6-75 中的水平坐标代表像素的原始亮度级别，垂直坐标代表输出亮度值，可以通过移动曲线上的控制点编辑曲线。曲线的 Gamma 值表示为输入、输出值的对比度，向上移动曲线控制点可降低 Gamma 值，向下移动可增加 Gamma 值。Gamma 值影响中间色调的对比度。

在曲线图表中，可以调整图像的阴影部分、中间色调区域和高亮区域。

图 6-75

通道：用于选择进行调控的通道，需要在通道下拉列表中指定图像通道。可以选择 RGB（彩色）、红、绿、蓝和 Alpha（透明）通道分别进行调控，可以同时调节图像的 RGB 通道，也可以对红、绿、蓝和 Alpha 通道分别进行调节。

曲线：用来调整 Gamma 值，即输入（原始）亮度和输出亮度的对比度。

曲线工具 ![icon]：选中曲线工具并单击曲线，可以在曲线上增加控制点。如果要删除控制点，可在曲线上选中要删除的控制止点，将其拖曳至坐标区域外。按住鼠标左键拖曳控制点，可对曲线进行编辑。

铅笔工具 ![icon]：选中铅笔工具，可以在坐标区域中拖曳光标，绘制一条曲线。

平滑工具 ![icon]：使用平滑工具，可以平滑曲线。

直线工具 ![icon]：可以将坐标区域中的曲线恢复为直线。

存储工具 ![icon]：可以将调节完成的曲线存储为一个.amp 或.acv 文件，以供再次使用。

打开工具 ![icon]：可以打开存储的曲线调节文件。

6.3.3　色相位/饱和度

色相位/饱和度特效用于调整图像的色调、饱和度和亮度。它利用颜色相应的调整轮来进行控制，如图 6-76 所示。

图 6-76

通道控制：选择颜色通道。如果选择主体，则对所有颜色应用效果；而如果分别选择红、黄、绿、青、蓝和品红通道，则对所选颜色应用效果。

通道范围：显示颜色映射的谱线，用于控制通道范围。上面的色条表示调节前的颜色，下面的色条用于在满饱和度下进行调节从而影响整个色调。当对单独的通道进行调节时，下面的色条会显示控制滑杆。拖曳竖条可调节颜色范围，拖曳三角可调整羽化量。

主色调：控制所调节的颜色通道色调，可利用颜色控制轮盘（代表色轮）改变总的色调。

主饱和度：用于调整主饱和度。通过调节滑块，控制所调节的颜色通道的饱和度。

主亮度：用于调整主亮度。通过调节滑块，控制所调节的颜色通道亮度。

彩色化：用于对图像增加颜色，可以将灰阶图转换为带有色调的双色图。

色调：通过颜色控制轮盘，控制彩色化图像后的色调。

饱和度：通过调节滑块，控制彩色化图像后的饱和度。

亮度：通过调节滑块，控制彩色化图像后的亮度。

> 色相位/饱和度特效是 After Effects 里非常重要的一个调色工具，便于更改对象色相属性。在调节颜色的过程中，可以使用色轮来预览一个颜色成分的更改是如何影响其他颜色的，并了解这些更改如何在 RGB 色彩模式间转换。

色相位/饱和度特效演示如图 6-77、图 6-78 和图 6-79 所示。

图 6-77

图 6-78

图 6-79

6.3.4　课堂案例——水墨画效果

案例学习目标

学习调整图像色相位/饱和度、亮度与对比度。

案例知识要点

使用"查找边缘"命令、"色相位/饱和度"命令、"曲线"命令、"高斯模糊"命令制作水墨画效果。水墨画效果如图 6-80 所示。

效果所在位置

云盘\Ch06\水墨画效果\水墨画效果.aep。

微课：水墨
画效果

扫码查看
扩展案例

图 6-80

1. 导入并编辑素材

步骤① 按 Ctrl+N 组合键，弹出"图像合成设置"对话框，在"合成组名称"文本框中输入"水墨画效果"，其他选项的设置如图 6-81 所示，单击"确定"按钮，创建一个新的合成"水墨画效果"。

步骤② 选择"文件 > 导入 > 文件"命令，在弹出的"导入文件"对话框中，选择云盘中的"Ch06\水墨画效果\(Footage)\01.jpg、02.png"文件，单击"打开"按钮，图片被导入"项目"面板中，如图 6-82 所示。

图 6-81

图 6-82

步骤③ 在"项目"面板中，选中"01.jpg"文件并将其拖曳到"时间线"面板中，如图 6-83 所示。按 Ctrl+D 组合键复制图层，单击复制层左侧的"眼睛"按钮 ⑥，关闭该层的可视性，如图 6-84 所示。

图 6-83

图 6-84

步骤④ 选中"图层 2"层，选择"效果 > 风格化 > 查找边缘"命令，在"特效控制台"面板中进行参数设置，如图 6-85 所示。"合成"窗口中的效果如图 6-86 所示。

图 6-85

图 6-86

步骤⑤ 选择"效果> 色彩校正 > 色相位/饱和度"命令，在"特效控制台"面板中进行参数设置，如图 6-87 所示。"合成"窗口中的效果如图 6-88 所示。

图 6-87

图 6-88

步骤⑥ 选择"效果 > 色彩校正 > 曲线"命令，在"特效控制台"面板中调整曲线，如图 6-89 所示。"合成"窗口中的效果如图 6-90 所示。

步骤⑦ 选择"效果 > 模糊与锐化 > 高斯模糊"命令，在"特效控制台"面板中进行参数设置，如图 6-91 所示。"合成"窗口中的效果如图 6-92 所示。

图 6-89

图 6-90

图 6-92

图 6-91

2. 制作水墨画效果

步骤① 在"时间线"面板中，单击"图层 1"层左侧的"眼睛"按钮 ，打开该层的可视性。按 T 键，展开"透明度"属性，设置"透明度"选项的数值为 70%，图层的混合模式为"正片叠底"，如图 6-93 所示。"合成"窗口中的效果如图 6-94 所示。

图 6-94

图 6-93

步骤② 选择"效果 > 风格化 > 查找边缘"命令，在"特效控制台"面板中进行参数设置，如图 6-95 所示。"合成"窗口中的效果如图 6-96 所示。

步骤③ 选择"效果 > 色彩校正 > 色相位/饱和度"命令，在"特效控制台"面板中进行参数设置，如图 6-97 所示。"合成"窗口中的效果如图 6-98 所示。

图 6-95　　　　　　　　　　　　　图 6-96

图 6-97　　　　　　　　　　　　　图 6-98

步骤④ 选择"效果 > 色彩校正 > 曲线"命令，在"特效控制台"面板中调整曲线，如图 6-99 所示。"合成"窗口中的效果如图 6-100 所示。

图 6-99　　　　　　　　　　　　　图 6-100

步骤⑤ 选择"效果 > 模糊与锐化 > 快速模糊"命令，在"特效控制台"面板中进行参数设置，如图 6-101 所示。"合成"窗口中的效果如图 6-102 所示。

步骤⑥ 在"项目"面板中，选中"02.png"文件并将其拖曳到"时间线"面板中，如图 6-103 所示。水墨画效果制作完成，如图 6-104 所示。

图 6-101

图 6-102

图 6-103

图 6-104

6.3.5　色彩平衡

色彩平衡特效用于调整图像的色彩平衡。其应用效果和色相位/饱和度类似。通过对图像的红、绿、蓝通道分别进行调节，可调节颜色在暗部、中间色调和高亮部分的强度，如图 6-105 所示。

图 6-105

阴影红色/绿色/蓝色平衡：用于调整 RGB 彩色的阴影范围平衡。

中值红色/绿色/蓝色平衡：用于调整 RGB 彩色的中间亮度范围平衡。

高光红色/绿色/蓝色平衡：用于调整 RGB 彩色的高光范围平衡。

保持亮度：该选项用于保持图像的平均亮度，来保持图像的整体平衡。

色彩平衡特效演示如图 6-106、图 6-107 和图 6-108 所示。

图 6-106   图 6-107   图 6-108

6.3.6 色阶

色阶特效是一个常用的调色特效工具，用于将输入的颜色范围重新映射到输出的颜色范围，还可以改变 Gamma 校正曲线。色阶主要用于基本的影像质量调整，如图 6-109 所示。

通道：用于选择要进行调控的通道。可以选择 RGB（彩色）、红、绿、蓝和 Alpha（透明）通道分别进行调控。

柱形图：可以通过该图了解像素在图像中的分布情况。水平方向表示亮度值，垂直方向表示该亮度值的像素值。像素值不会比输入黑色值更低，也不会比输入白色值更高。

输入黑色：用于限定输入图像黑色值的阈值。

输入白色：用于限定输入图像白色值的阈值。

Gamma：用于调整输入输出对比度。

图 6-109

输出黑色：用于限定输出图像黑色值的阈值，黑色输出在柱形图下方灰阶条中。

输出白色：用于限定输出图像白色值的阈值，白色输出在柱形图下方灰阶条中。

色阶特效演示如图 6-110、图 6-111 和图 6-112 所示。

图 6-110   图 6-111   图 6-112

6.3.7 课堂案例——修复逆光照片

案例学习目标

学习使用色阶调整图片。

案例知识要点

使用"导入"命令导入素材；使用"色阶"命令调整图像的亮度。修复逆光照片效果如图 6-113 所示。

图 6-113

微课：修复逆
光照片

扫码查看
扩展案例

效果所在位置

云盘\Ch06\修复逆光照片\修复逆光照片.aep。

步骤① 选择"文件 > 导入 > 文件"命令，在弹出的"导入文件"对话框中，选择云盘中的"Ch06\修复逆光照片\ (Footage) \ 01.jpg"文件，单击"打开"按钮，图片被导入"项目"面板中，如图 6-114 所示。在"项目"面板中，选中"01.jpg"文件并将其拖曳到下方的"新建合成"按钮 上，如图 6-115 所示，释放鼠标左键，自动创建一个项目合成。

图 6-114

图 6-115

步骤② 在"时间线"面板中，按 Ctrl+K 组合键，弹出"图像合成设置"对话框，在"合成组名称"文本框中输入"修复逆光照片"，单击"确定"按钮，将合成命名为"修复逆光照片"，如图 6-116 所示。"合成"窗口中的效果如图 6-117 所示。

步骤③ 选中"01.jpg"图层，选择"效果 > 色彩校正 > 色阶"命令，在"特效控制台"面板中进行参数设置，如图 6-118 所示。修复逆光照片效果制作完成，如图 6-119 所示。

图 6-116

图 6-117

图 6-118

图 6-119

6.4　生成

　　生成效果组里包含很多特效，可以用于创造一些原画面中没有的效果，这些效果在制作动画的过程中有着广泛的应用。

6.4.1　闪电

　　闪电特效可以用来模拟真实的闪电和放电效果，并自动设置动画，其参数设置如图 6-120所示。

　　闪电类型：设置闪电的种类。

　　起点：闪电的起始位置。

　　方向：闪电的结束拉置。

　　传导状态：设置闪电的主干变化。

　　核心半径：设置闪电主干的宽度。

　　核心透明度：设置闪电主干的不透明度。

核心颜色：设置闪电主干的颜色。

辉光半径：设置闪电光晕的大小。

辉光透明度：设置闪电光晕的不透明度。

辉光颜色：设置闪电光晕的颜色。

Alpha 阻碍：设置闪电阻碍的大小。

紊乱：设置闪电的流动变化。

分叉：设置闪电的分叉数量。

衰减：设置闪电的衰减数量。

主核心衰减：设置闪电的主核心衰减量。

与原始图像混合：勾选此选项可以直接针对图片设置闪电。

复杂度：设置闪电的复杂程度。

最小分叉距离：分叉之间的距离。值越高，分叉越少。

结束界限：为低值时闪电更容易终止。

仅主核心振动碰撞：勾选该复选框，只有主核心会受到 Alpha 阻碍的影响，从主核心衍生出的分叉不会受到影响。

不规则分形类型：设置闪电主干的线条样式。

核心消耗：设置闪电主干的渐隐结束。

分叉强度：设置闪电分叉的强度。

分叉变化：设置闪电分叉的变化。

闪电特效演示如图 6-121、图 6-122 和图 6-123 所示。

图 6-120

图 6-121

图 6-122

图 6-123

6.4.2 镜头光晕

镜头光晕特效可以模拟镜头拍摄到发光的物体上时，因经过多片镜头而产生的很多光环的效果，

这是后期制作中经常使用的提升画面效果的手法，其特效控制
台面板如图 6-124 所示。

　　光晕中心：设置发光点的中心位置。

　　光晕亮度：设置光晕的亮度。

　　镜头类型：选择镜头的类型，有 50 ~ 300mm 变焦、35mm
聚焦和 105mm 聚焦。

　　与原始图像混合：设置光晕效果和原素材图像的混合程度。

　　镜头光晕特效演示如图 6-125、图 6-126 和图 6-127 所示。

图 6-124

图 6-125

图 6-126

图 6-127

6.4.3　课堂案例——动感模糊文字

案例学习目标

学习使用镜头光晕效果。

　案例知识要点

　　使用"卡片擦除"命令制作动感文字，使用滤镜特效"方向模糊"命令、"色阶"命令、"Shine"
命令制作文字发光效果并改变发光颜色，使用"镜头光晕"命令添加镜头光晕效果。动感模糊文字效
果如图 6-128 所示。

图 6-128

微课：动感模
糊文字

扫码查看
扩展案例

效果所在位置

云盘\Ch06\动感模糊文字\动感模糊文字.aep。

1. 输入文字

步骤① 按 Ctrl+N 组合键，弹出"图像合成设置"对话框，在"合成组名称"文本框中输入"动感模糊文字"，其他选项的设置如图 6-129 所示，单击"确定"按钮，创建一个新的合成"动感模糊文字"。

步骤② 选择"文件 > 导入 > 文件"命令，在弹出的"导入文件"对话框中，选择云盘中的"Ch06\动感模糊文字\ (Footage) \ 01.jpg"文件，单击"打开"按钮，图片被导入"项目"面板中，如图 6-130 所示。并将其拖曳到"时间线"面板中。

图 6-129

图 6-130

步骤③ 选择"横排文字"工具 T，在"合成"窗口输入文字"远古时代科技"。选中文字，在"文字"面板中设置"填充色"为白色，其他参数设置如图 6-131 所示。"合成"窗口中的效果如图 6-132 所示。

图 6-131

图 6-132

2. 添加文字特效

步骤① 选中文字层，选择"效果> 过渡 > 卡片擦除"命令，在"特效控制台"面板中进行参数设置，如图 6-133 所示。"合成"窗口中的效果如图 6-134 所示。

步骤 2 将时间标签放置在 0：00：00：00 的位置。在"特效控制台"面板中，单击"变换完成度"选项左侧的"关键帧自动记录器"按钮 ，如图 6 135 所示，记录第 1 个关键帧。

图 6-133   图 6-134   图 6-135

步骤 3 将时间标签放置在 0：00：02：00 的位置，在"特效控制台"面板中，设置"变换完成度"选项的数值为 100%，如图 6-136 所示，记录第 2 个关键帧。"合成"窗口中的效果如图 6-137 所示。

图 6-136   图 6-137

步骤 4 将时间标签放置在 0：00：00：00 的位置，在"特效控制台"面板中，展开"摄像机位置"选项，设置"Y 轴旋转"选项的数值为"100x+0.0°"，"Z 位置"选项的数值为 1.00。分别单击"摄像机位置"下的"Y 轴旋转"和"Z 位置","位置振动"下的"X 振动量"和"Z 振动量"选项前面的"关键帧自动记录器"按钮 🕙，如图 6-138 所示。

步骤⑤ 将时间标签放置在 0：00：02：00 的位置，设置"Y 轴旋转"选项的数值为"0x+0.0°"，"Z 位置"选项的数值为 2.00，"X 振动量"选项的数值为 0.00，"Z 振动量"选项的数值为 0.00，如图 6-139 所示。"合成"窗口中的效果如图 6-140 所示。

图 6-138

图 6-139

图 6-140

3. 添加文字动感效果

步骤① 选中文字层，按 Ctrl+D 组合键复制图层，如图 6-141 所示。在"时间线"面板中，设置新复制层的混合模式为"添加"，如图 6-142 所示。

图 6-141

图 6-142

步骤② 选中新复制的层，选择"效果 > 模糊与锐化 > 方向模糊"命令，在"特效控制台"面板中进行参数设置，如图 6-143 所示。"合成"窗口中的效果如图 6-144 所示。

图 6-144

图 6-143

步骤❸ 将时间标签放置在 0:00:00:00 的位置，在"特效控制台"面板中，单击"模糊长度"选项左侧的"关键帧自动记录器"按钮 ⏱，记录第 1 个关键帧。将时间标签放置在 0:00:01:00 的位置，在"特效控制台"面板中，设置"模糊长度"选项的数值为 100.0，如图 6-145 所示。"合成"窗口中的效果如图 6-146 所示。

图 6-145　　　　　　　　　　　　　图 6-146

步骤❹ 将时间标签放置在 0:00:02:00 的位置，在"特效控制台"面板中，设置"模糊长度"选项的数值为 100.0。将时间标签放置在 0:00:02:05 的位置，在"特效控制台"面板中，设置"模糊长度"选项的数值为 150.0，如图 6-147 所示。"合成"窗口中的效果如图 6-148 所示。

图 6-147　　　　　　　　　　　　　图 6-148

步骤❺ 选择"效果 > 色彩校正 > 色阶"命令，在"特效控制台"面板中进行参数设置，如图 6-149 所示。选择"效果 > Trapcode > Shine"命令，在"特效控制台"面板中进行参数设置，如图 6-150 所示。"合成"窗口中的效果如图 6-151 所示。

步骤❻ 在当前合成中建立一个新的黑色固态层"遮罩"。按 P 键，展开"位置"属性，将时间标签放置在 0:00:02:00 的位置，设置"位置"选项的数值为 360.0、288.0，单击"位置"选项左侧的"关键帧自动记录器"按钮 ⏱，如图 6-152 所示，记录第 1 个关键帧。将时间标签放置在 0:00:03:00 的位置，设置"位置"选项的数值为 1080.0、288.0，如图 6-153 所示，记录第 2 个关键帧。

步骤❼ 选中"图层 2"层，将层的"T 轨道蒙板"选项设置为"Alpha 蒙板'遮罩'"，如图 6-154 所示。"合成"窗口中的效果如图 6-155 所示。

图 6-149

图 6-150

图 6-151

图 6-152

图 6-153

图 6-154

图 6-155

4. 添加镜头光晕

步骤① 将时间标签放置在 0:00:02:00 的位置，在当前合成中建立一个新的黑色固态层"光晕"，如图 6-156 所示。在"时间线"面板中，设置"光晕"层的模式为"添加"，如图 6-157 所示。

步骤② 选中"光晕"层，选择"效果 > 生成 > 镜头光晕"命令，在"特效控制台"面板中进行参数设置，如图 6-158 所示。"合成"窗口中的效果如图 6-159 所示。

步骤③ 在"特效控制台"面板中，单击"光晕中心"选项左侧的"关键帧自动记录器"按钮 ☼，如图 6-160 所示，记录第 1 个关键帧。将时间标签放置在 0:00:03:00 的位置，在"特效控制台"面板中，设置"光晕中心"选项的数值为 720.0、288.0，如图 6-161 所示，记录第 2 个关键帧。

图 6-156　　　　　　　　　　　　　图 6-157

图 6-158　　　　　　　　　　　　　图 6-159

图 6-160　　　　　　　　　　　　　图 6-161

步骤 ④ 选中"光晕"层，将时间标签放置在 0:00:02:00 的位置，按 Alt+ [组合键设置入点，如图 6-162 所示。将时间标签放置在 0:00:03:00 的位置，按 Alt+] 组合键设置出点，如图 6-163 所示。

图 6-162

图 6-163

步骤 ⑤ 动感模糊文字效果制作完成，如图 6-164 所示。

图 6-164

6.4.4 蜂巢图案

蜂巢图案特效可以创建多种类型的类似细胞图案的单元图案拼合效果，其特效控制台面板如图 6-165 所示。

蜂巢图案：选择图案的类型，其中包括气泡、结晶、盘面、静态盘面、结晶化、枕状、高品质结晶、高品质盘面、高品质静态盘面、高品质结晶化、混合结晶和管状。

反转：反转图案效果。

溢出：溢出设置，其中包括修剪、柔和夹住、背面包围。

分散：图案的分散设置。

大小：单个图案尺寸的设置。

偏移：图案偏离中心点的设置。

图 6-165

平铺选项：在该选项下勾选"启用平铺"复选项后，可以设置水平单元和垂直单元的数值。

展开：为这个参数设置关键帧，可以记录运动变化的动画效果。

展开选项：设置图案的各种扩展变化。

循环演变：勾选此复选项后，循环设置才为有效状态。

循环（周期）：设置图案的循环周期。

随机种子：设置图案的随机速度。

蜂巢图案特效演示如图 6-166、图 6-167 和图 6-168 所示。

图 6-166

图 6-167

图 6-168

6.4.5　棋盘

棋盘特效能在图像上创建棋盘格的图案效果，其特效控制台面板如图6-169所示。

定位点：设置棋盘格的位置。

大小来自：选择棋盘的尺寸类型，有角点、宽度滑块、宽度与高度滑块。

角点：只有在"大小来自"中选中"角点"选项，才能激活此选项。

宽：只有在"大小来自"中选中"宽度滑块"或"宽度与高度滑块"选项，才能激活此选项。

图6-169

高：只有在"大小来自"中选中"宽度与高度滑块"选项，才能激活此选项。

羽化：设置棋盘格子水平或垂直边缘的羽化程度。

颜色：选择格子的颜色。

透明度：设置棋盘的透明度。

混合模式：设置棋盘效果与原图的混合方式。

棋盘特效演示如图6-170、图6-171和图6-172所示。

图6-170

图6-171

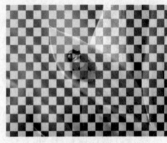

图6-172

6.4.6　课堂案例——透视光芒

案例学习目标

学习使用编辑单元格特效。

案例知识要点

使用滤镜特效"蜂巢图案"命令、"亮度与对比度"命令、"快速模糊"命令、"辉光"命令制作光芒形状，利用"3D图层"编辑透视效果。透视光芒效果如图6-173所示。

效果所在位置

云盘\Ch06\透视光芒\透视光芒.aep。

图 6-173

微课：透视
光芒

扫码查看
扩展案例

1. 编辑单元格形状

步骤① 按 Ctrl+N 组合键，弹出"图像合成设置"对话框，在"合成组名称"文本框中输入"透视光芒"，其他选项的设置如图 6-174 所示，单击"确定"按钮，创建一个新的合成"透视光芒"。

步骤② 选择"文件 > 导入 > 文件"命令，在弹出的"导入文件"对话框中，选择云盘中的"Ch06\透视光芒\(Footage)\01.jpg、02.png"文件，单击"打开"按钮，导入图片。在"项目"面板中选中"01.jpg"文件并将其拖曳到"时间线"面板中，如图 6-175 所示。

图 6-174

图 6-175

步骤③ 选择"图层 > 新建 > 固态层"命令，弹出"固态层设置"对话框，在"名称"文本框中输入"光芒"，将"颜色"设置为黑色，单击"确定"按钮，在"时间线"面板中新增一个黑色固态层，如图 6-176 所示。

步骤④ 选中"光芒"层，选择"效果 > 生成 > 蜂巢图案"命令，在"特效控制台"面板中进行参数设置，如图 6-177 所示。"合成"窗口中的效果如图 6-178 所示。

步骤⑤ 在"特效控制台"面板中，单击"展开"选项左侧的"关键帧自动记录器"按钮 ，如图 6-179 所示，记录第 1 个关键帧。将时间标签放置在 0：00：09：24 的位置，在"特效控制台"面板中，设置"展开"选项的数值为"7x+0.0°"，如图 6-180 所示，记录第 2 个关键帧。

图 6-176　　　　　　　　　图 6-177　　　　　　　　　图 6-178

图 6-179　　　　　　　　　　　图 6-180

步骤 ⑥ 选择"效果 > 色彩校正 > 亮度与对比度"命令，在"特效控制台"面板中进行参数设置，如图 6-181 所示。"合成"窗口中的效果如图 6-182 所示。

图 6-181　　　　　　　　　　　图 6-182

步骤 ⑦ 选择"效果 > 模糊与锐化 > 快速模糊"命令，在"特效控制台"面板中进行参数设置，如图 6-183 所示。"合成"窗口中的效果如图 6-184 所示。

步骤 ⑧ 选择"效果 > 风格化 > 辉光"命令，在"特效控制台"面板中，设置"颜色 A"为黄色（其 R、G、B 的值分别为 255、228、0），"颜色 B"为红色（其 R、G、B 的值分别为 255、0、0），其他参数设置如图 6-185 所示。"合成"窗口中的效果如图 6-186 所示。

图 6-183

图 6-184

图 6-185

图 6-186

2. 添加透视效果

步骤① 选择"矩形遮罩"工具，在"合成"窗口中拖曳鼠标绘制一个矩形遮罩，选中"光芒"层，按两次 M 键，展开遮罩属性，设置"遮罩透明度"选项的数值为 100%，"遮罩羽化"选项的数值为 233.0，如图 6-187 所示。"合成"窗口中的效果如图 6-188 所示。

图 6-187

图 6-188

步骤② 选择"图层 > 新建 > 摄像机"命令，弹出"摄像机设置"对话框，在"名称"文本框中输入"摄像机 1"，其他选项的设置如图 6-189 所示，单击"确定"按钮，在"时间线"面板中新增一个摄像机层，如图 6-190 所示。

图 6-189　　　　　　　　　　　　　　　　　　　图 6-190

步骤③ 选中"光芒"层，单击"光芒"层右侧的"3D 图层"按钮，打开三维属性，设置"变换"选项，如图 6-191 所示。"合成"窗口中的效果如图 6-192 所示。

图 6-191　　　　　　　　　　　　　　　　　　图 6-192

步骤④ 将时间标签放置在 0:00:00:00 的位置，单击"定位点"选项左侧的"关键帧自动记录器"按钮，如图 6-193 所示，记录第 1 个关键帧。将时间标签放置到 0:00:09:24 的位置。设置"定位点"选项的数值为 497.7、320.0、−10.0，记录第 2 个关键帧，如图 6-194 所示。

图 6-193　　　　　　　　　　　　　　　　　　图 6-194

步骤⑤ 在"时间线"面板中，设置"光芒"层的混合模式为"线性减淡"，如图 6-195 所示。"合成"窗口中的效果如图 6-196 所示。

图 6-195　　　　　　　　　　　　　　图 6-196

步骤 ⑥ 将时间标签放置在 0:00:06:19 的位置。在"项目"面板中选中"02.png"文件，并将其拖曳到"时间线"面板中。按 P 键，展开"位置"属性，设置"位置"选项的数值为 315.8、341.5，如图 6-197 所示。透视光芒制作完成，如图 6-198 所示。

图 6-197　　　　　　　　　　　　　　图 6-198

6.5　扭曲

扭曲效果主要用来对图像进行扭曲变形，是很重要的一类画面特技，可以对画面的形状进行校正，还可以使平常的画面变形为特殊的效果。

6.5.1　膨胀

膨胀特效可以模拟图像透过气泡或放大镜时所产生的放大效果，其特效控制台面板如图 6-199 所示。

水平半径：设置膨胀效果的水平半径大小。

垂直半径：设置膨胀效果的垂直半径大小。

凸透中心：设置膨胀效果的中心定位点。

凸透高度：设置膨胀的程度。正值为膨胀，负值为收缩。

锥化半径：用来设置膨胀边界的锐利程度。

图 6-199

抗锯齿（仅最佳品质）：反锯齿设置，只用于最高质量。

固定所有边缘：选择"固定所有边缘"复选项可固定住所有边界。

膨胀特效演示如图 6-200、图 6-201 和图 6-202 所示。

图 6-200

图 6-201

图 6-202

6.5.2　边角固定

边角固定特效通过改变 4 个角的位置来使图像变形，可根据需要来定位。可以拉伸、收缩、倾斜和扭曲图形，也可以用来模拟透视效果，还可以和运动遮罩层相结合，形成画中画的效果。其特效控制台面板如图 6-203 所示。

上左：设置左上定位点。

上右：设置右上定位点。

下左：设置左下定位点。

下右：设置右下定位点。

边角固定特效演示如图 6-204 所示。

图 6-203

图 6-204

6.5.3　网格弯曲

网格弯曲特效使用网格化的曲线切片控制图像的变形区域。对于网格变形的效果控制，确定好网格数量之后，更多的是在合成图像中通过光标拖曳网格的节点来完成。其特效控制台面板如图 6-205 所示。

行：用于设置行数。

列：用于设置列数。

图 6-205

品质：设置图像遵循曲线定义的形状的近似程度。

扭曲网格：用于改变分辨率，在行列数发生变化时显示。如果需要更细微调整显示的效果，可以拖曳节点来增加行数或列数（控制节点）。

网格弯曲特效演示如图 6-206、图 6-207 和图 6-208 所示。

图 6-206

图 6-207

图 6-208

6.5.4　极坐标

极坐标特效用来将图像的直角坐标转化为极坐标，以产生扭曲效果，其特效控制台面板如图 6-209 所示。

插值：设置扭曲程度。

变换类型：设置转换类型。"极线到矩形"表示将极坐标转化为直角坐标，"矩形到极线"表示将直角坐标转化为极坐标。

极坐标特效演示如图 6-210、图 6-211 和图 6-212 所示。

图 6-209

图 6-210

图 6-211

图 6-212

6.5.5　置换映射

置换映射特效是用另一张作为映射层图像的像素来置换原图像像素，通过映射的像素颜色值对本层变形，变形方向分水平和垂直两个方向，如图 6-213 所示。

映射图层：选择作为映射层的图像名称。

使用水平置换：调节水平或垂直方向的通道。其默认值范围为 -100 ~ 100，最大范围为 -32000 ~ 32000。

最大水平置换：调节映射层的水平或垂直位置。在水平方向上，数值为负数表示向左移动，正数表示向右移动；在垂直方向上，数值为负数是向下移动，正数是向上移动。默认数值为 -100 ~ 100，最大范围为 -32000 ~ 32000。

图 6-213

置换映射动作：选择映射方式。

边缘动作：设置边缘行为。

像素包围：锁定边缘像素。

扩展输出：设置特效伸展到原图像边缘外。

置换映射特效演示如图 6-214、图 6-215 和图 6-216 所示。

| 图 6-214 | 图 6-215 | 图 6-216 |

6.5.6　课堂案例——放射光芒

案例学习目标

学习使用扭曲效果组制作四射的光芒效果。

案例知识要点

使用"分形噪波"命令、"方向模糊"命令、"色相位/饱和度"命令、"辉光"命令、"极坐标"命令制作光芒特效。放射光芒效果如图 6-217 所示。

微课：放射
光芒

扫码查看
扩展案例

图 6-217

效果所在位置

云盘\Ch06\放射光芒\放射光芒.aep。

步骤 ① 按 Ctrl+N 组合键，弹出"图像合成设置"对话框，在"合成组设置"文本框中输入"放射光芒"，其他选项的设置如图 6-218 所示，单击"确定"按钮，创建一个新的合成"放射光芒"。

步骤 ② 选择"文件 > 导入 > 文件"命令，在弹出的"导入文件"对话框中，选择云盘中的"Ch06\

放射光芒\(Footage)\01.jpg"文件,单击"打开"按钮,导入素材到"项目"面板中,如图 6-219 所示。

图 6-218

图 6-219

步骤③ 在"项目"面板中,选中"01.jpg"文件,将其拖曳到"时间线"面板中,如图 6-220 所示。选择"图层 > 新建 > 固态层"命令,弹出"固态层设置"对话框,在"名称"文本框中输入"放射光芒",将"颜色"设置为黑色,单击"确定"按钮,在"时间线"面板中新增一个黑色固态层,如图 6-221 所示。

图 6-220

图 6-221

步骤④ 选中"放射光芒"层,选择"效果 > 杂波与颗粒 > 分形噪波"命令,在"特效控制台"面板中进行参数设置,如图 6-222 所示。"合成"窗口中的效果如图 6-223 所示。

图 6-222

图 6-223

步骤⑤ 将时间标签放置在 0:00:00:00 的位置，在"特效控制台"面板中，单击"演变"选项左侧的"关键帧自动记录器"按钮 ⚪，如图 6-224 所示，记录第 1 个关键帧。将时间标签放置在 0:00:04:24 的位置，在"特效控制台"面板中，设置"演变"选项的数值为"10x+0.0°"，如图 6-225 所示，记录第 2 个关键帧。

图 6-224

图 6-225

步骤⑥ 将时间标签放置在 0:00:00:00 的位置，选中"放射光芒"层，选择"效果 > 模糊与锐化 > 方向模糊"命令，在"特效控制台"面板中进行参数设置，如图 6-226 所示。"合成"窗口中的效果如图 6-227 所示。

图 6-226

图 6-227

步骤⑦ 选择"效果 > 色彩校正 > 色相位/饱和度"命令，在"特效控制台"面板中进行参数设置，如图 6-228 所示。"合成"窗口中的效果如图 6-229 所示。

图 6-228

图 6-229

步骤⑧ 选择"效果 > 风格化 > 辉光"命令，在"特效控制台"面板中，设置"颜色 A"为浅绿色（其 R、G、B 的值分别为 194、255、201），设置"颜色 B"为绿色（其 R、G、B 的值分别为 0、255、24），其他参数的设置如图 6-230 所示。"合成"窗口中的效果如图 6-231 所示。

图 6-230　　　　　　　　　　　图 6-231

步骤⑨ 选择"效果 > 扭曲 > 极坐标"命令，在"特效控制台"面板中进行参数设置，如图 6-232 所示。"合成"窗口中的效果如图 6-233 所示。

图 6-232　　　　　　　　　　　图 6-233

步骤⑩ 在"时间线"面板中，设置"放射光芒"层的混合模式为"添加"，如图 6-234 所示。放射光芒效果制作完成，如图 6-235 所示。

图 6-234　　　　　　　　　　　图 6-235

6.6　杂波与颗粒

杂波与颗粒特效可以为素材设置噪波或颗粒效果，它可以分散素材或使素材的形状产生变化。

6.6.1　分形噪波

分形噪波特效可以模拟烟、云、水流等纹理图案，如图6-236所示。

分形类型：选择分形类型。

噪波类型：选择杂波的类型。

反转：反转图像的颜色，将黑色和白色反转。

对比度：调节生成杂波图像的对比度。

亮度：调节生成杂波图像的亮度。

溢出：选择杂波图案的比例、旋转和偏移等。

复杂性：设置杂波图案的复杂程度。

附加设置：杂波的子分形变化的相关设置（子分形影响力、子分形缩放等）。

图6-236

演变：控制杂波的分形变化相位。

演变选项：分形变化的相关设置（循环、随机种子等）。

透明度：设置所生成的杂波图像的透明度。

混合模式：生成的杂波图像与原素材图像的叠加模式。

分形噪波特效演示如图6-237、图6-238和图6-239所示。

图6-237

图6-238

图6-239

6.6.2　中值

中值特效使用指定半径范围内的像素的平均值来取代像素值。指定较低数值的时候，该效果可以用来减少画面中的杂点；指定高值的时候，会产生一种绘画效果，其设置如图6-240

图6-240

所示。

半径：指定像素半径。

在 Alpha 通道上操作：应用于 Alpha 通道。

中值特效演示如图 6-241、图 6-242 和图 6-243 所示。

图 6-241   图 6-242   图 6-243

6.6.3 移除颗粒

移除颗粒特效可以移除杂点或颗粒，如图 6-244 所示。

查看模式：设置查看的模式，有预览、杂波取样、混合蒙版、最终输出 4 种。

预览范围：设置预览域的大小、位置等。

杂波减少设置：对杂点或噪波进行设置。

精细调整：对材质、尺寸和色泽等进行精细的设置。

临时过滤：设置是否开启实时过滤。

非锐化遮罩：设置反锐化遮罩。

图 6-244

取样：设置各种采样情况、采样点等参数。

与原始图像混合：设置特效图像与原始图像混合。

移除颗粒特效演示如图 6-245、图 6-246 和图 6-247 所示。

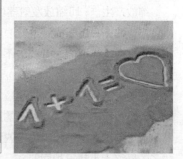

图 6-245   图 6-246   图 6-247

6.7 模拟与仿真

模拟与仿真特效有卡片舞蹈、水波世界、泡沫、焦散、碎片和粒子运动。这些特效功能强大，可以用来设置多种逼真的效果，不过其参数项较多，设置也比较复杂。下面以泡沫特效为例，讲解具体的设置方法。

6.7.1 泡沫

泡沫特效设置如图 6-248 所示。

1. 查看

在该下拉列表中，可以选择气泡效果的显示方式。草稿方式以草图模式渲染气泡效果，虽然不能在该方式下看到气泡的最终效果，但是可以预览气泡的运动方式和设置状态，该方式计算速度非常快。为特效指定了影响通道后，使用草稿+流动映射方式可以看到指定的影响对象。在渲染方式下可以预览气泡的最终效果，但是计算速度相对较慢。

2. 生成

该参数栏用于对气泡的粒子发射器相关参数进行设置，如图 6-249 所示。

图 6-248

图 6-249

产生点：用于设置发射器的位置。所有的气泡粒子都由发射器产生，就好像在水枪中喷出气泡一样。

制作 X 大小与制作 Y 大小：分别控制发射器的大小。在草稿或者草稿+流动映射状态下预览效果时，可以观察发射器。

产生方向：用于旋转发射器，使气泡产生旋转效果。

缩放产生点：可缩放发射器位置。不选择此项，系统会默认发射效果点为中心缩放发射器的位置。

产生速率：用于控制发射速度。一般情况下，数值越高，发射速度越快，单位时间内产生的气泡粒子也越多。当数值为 0 时，不发射粒子。系统发射粒子时，在特效的开始位置，粒子数目为 0。

3. 泡沫

在该参数栏中，可对气泡粒子的尺寸、生命以及强度进行控制，如图 6-250 所示。

大小：用于控制气泡粒子的尺寸。数值越大，每个气泡粒子越大。

大小差异：用于控制粒子的大小差异。数值越高，不同粒子的大小差异越大。数值为 0 时，每个粒子的最终大小都是相同的。

寿命：用于控制每个粒子的生命值。每个粒子在发射产生后，最终都会消失。所谓生命值，即是粒子从产生到消失之间的时间。

泡沫增长速度：用于控制每个粒子生长的速度，即粒子从产生到最终大小的时间。

强度：用于控制粒子效果的强度。

4. 物理

该参数影响粒子运动因素。例如，初始速度、风速、混乱度等，如图 6-251 所示。

图 6-250

图 6-251

初始速度：控制粒子特效的初始速度。

初始方向：控制粒子特效的初始方向。

风速：控制影响粒子的风速，就好像一股风在吹动粒子一样。

风向：控制影响粒子的风的方向。

乱流：控制粒子的混乱度。该数值越大，粒子运动越混乱，同时向四面八方发散；数值较小，则粒子运动较为有序和集中。

晃动量：控制粒子的摇摆强度。参数较大时，粒子会产生摇摆变形。

排斥力：用于在粒子间产生排斥力。数值越大，粒子间的排斥性越强。

弹跳速率：控制粒子的总速率。

黏度：控制粒子的黏度。数值越小，粒子堆砌得越紧密。

黏着性：控制粒子间的黏着程度。

5. 缩放

该参数设置对粒子效果进行缩放。

6. 总体范围大小

该参数控制粒子效果的综合尺寸。在草稿或者草稿+流动映射状态下预览效果时，可以观察综合尺寸范围框。

7. 渲染

该参数栏控制粒子的渲染属性，例如，融合模式下的粒子纹理及反射效果等。该参数栏的设置效果仅在渲染模式下才能看到。渲染选项如图 6-252 所示。

混合模式：用于控制粒子间的融合模式。透明方式下，粒子与粒子间进行透明叠加。

图 6-252

泡沫材质：可在该下拉列表中选择气泡粒子的材质类型。

泡沫材质层：除了系统预置的粒子材质外，还可以指定合成图像中的一个层作为粒子材质。在泡沫材质层下拉列表中选择粒子材质层。该层若是一个动画层，粒子将使用其动画材质。注意，要指定粒子材质层，必须在泡沫材质下拉列表中将粒子材质设置为 Use Defined。

泡沫方向：可在该下拉列表中设置气泡的方向。可以使用默认的坐标，也可以使用物理参数控制方向，还可以根据气泡速率进行控制。

环境映射：所有的粒子都可以对周围的环境进行反射。可以在环境映射下拉列表中指定气泡粒子的反射层。

反射强度：控制反射的强度。

反射聚焦：控制反射的聚集度。

8. 流动映射

可以在流动映射参数栏中指定一个层来影响粒子效果。在流动映射下拉列表中，可以选择对粒子效果产生影响的目标层。当选择目标层后，在草稿+流动映射模式下可以看到流动映射。其设置如图 6-253 所示。

流动映射：用于控制参考图对粒子的影响。

流动映射适配：在该下拉列表中，可以设置参考图的大小。可以使用合成图像屏幕大小，也可以使用粒子效果的总体范围大小。

图 6-253

9. 模拟品质

在该下拉列表中，可以设置气泡粒子的仿真质量。

10. 随机种子

该参数栏用于控制气泡粒子的随机种子数。

泡沫特效演示如图 6-254、图 6-255 和图 6-256 所示。

图 6-254

图 6-255

图 6-256

6.7.2　课堂案例——气泡效果

案例学习目标

学习使用泡沫效果制作气泡。

案例知识要点

使用"泡沫"命令制作气泡并编辑其属性。气泡效果如图 6-257 所示。

图 6-257

微课：气泡
效果

扫码查看
扩展案例

效果所在位置

云盘\Ch06\气泡效果\气泡效果.aep。

步骤① 按 Ctrl+N 组合键，弹出"合成设置"对话框，在"合成组名称"文本框中输入"气泡效果"，其他选项的设置如图 6-258 所示，单击"确定"按钮，创建一个新的合成"气泡效果"。选择"文件 > 导入 > 文件"命令，在弹出的"导入文件"对话框中，选择云盘中的"Ch06 \气泡效果\ (Footage) \ 01.jpg"文件，单击"打开"按钮，导入背景图片到"项目"面板中，如图 6-259 所示。

图 6-258

图 6-259

步骤② 在"项目"面板中选中"01.jpg"文件并将其拖曳到"时间线"面板中，如图 6-260 所示。"合成"窗口中的效果如图 6-261 所示。按 Ctrl+D 组合键复制图层，如图 6-262 所示。

图 6-260

图 6-261

图 6-262

步骤③ 选中"图层 1"，选择"效果 > 模拟仿真 > 泡沫"命令，在"特效控制台"面板中进行参数设置，如图 6-263 所示。

步骤④ 将时间标签放置在 0:00:00:00 的位置，在"特效控制台"面板中，单击"强度"选项左侧的"关键帧自动记录器"按钮，如图 6-264 所示，记录第 1 个关键帧。将时间标签放置在 0:00:04:24 的位置，在"特效控制台"面板中，设置"强度"选项的数值为 0.000，如图 6-265 所示，记录第 2 个关键帧。

图 6-263

图 6-264

图 6-265

步骤⑤ 气泡制作完成，如图 6-266 所示。

图 6-266

6.8　风格化

风格化特效可以模拟一些实际的绘画效果，或为画面提供某种风格化效果。

6.8.1　查找边缘

查找边缘特效通过强化过渡像素来产生彩色线条，其特效控制台面板如图 6-267 所示。

反转：用于反向勾边结果。

与原始图像混合：设置特效图像和原始素材图像的混合比例。

图 6-267

查找边缘特效演示如图 6-268、图 6-269 和图 6-270 所示。

图 6-268

图 6-269

图 6-270

6.8.2　辉光

辉光特效经常用于图像中的文字和带有 Alpha 通道的图像，可产生发光或光晕的效果。其特效控制台面板如图 6-271 所示。

辉光基于：控制辉光效果基于哪一种通道方式。

辉光阈值：设置辉光的阈值，影响到辉光的覆盖面。

辉光半径：设置辉光的发光半径。

辉光强度：设置辉光的发光强度，影响到辉光的亮度。

合成原始图像：设置特效图像和原始素材图像的合成方式。

辉光操作：设置辉光的发光模式，与层模式的选择类似。

辉光色：设置辉光的颜色。

色彩循环（下拉列表）：设置辉光颜色的循环方式。

色彩循环：设置辉光颜色循环的数值。

色彩相位：设置辉光的颜色相位。

A&B 中间点：设置辉光颜色 A 和 B 的中点百分比。

颜色 A：选择颜色 A。

颜色 B：选择颜色 B。

辉光尺寸：设置辉光作用的方向，有水平、垂直、水平和垂直
3 种方式。

辉光特效演示如图 6-272、图 6-273 和图 6-274 所示。

图 6-271

图 6-272

图 6-273

图 6-274

6.8.3 课堂案例——手绘效果

案例学习目标

学习使用浮雕、查找边缘效果制作手绘风格。

案例知识要点

使用滤镜特效"查找边缘"命令、"色阶"命令、"色相位/饱和度"命令、"笔触"命令制作手绘
效果，使用"钢笔"工具绘制蒙版形状。手绘效果如图 6-275 所示。

效果所在位置

光盘\Ch06\手绘效果\手绘效果.aep。

图 6-275

微课：手绘
效果

扫码查看
扩展案例

步骤① 按 Ctrl+N 组合键，弹出"图像合成设置"对话框，在"合成组名称"文本框中输入"手绘效果"，其他选项的设置如图 6-276 所示，单击"确定"按钮，创建一个新的合成"手绘效果"。

步骤② 选择"文件 > 导入 > 文件"命令，在弹出的"导入文件"对话框中，选择云盘中的"Ch06\手绘效果\(Footage)\01.jpg"文件，单击"打开"按钮，导入图片。在"项目"面板中选中"01.jpg"文件并将其拖曳到"时间线"面板中，如图 6-277 所示。

图 6-276

图 6-277

步骤③ 选中"01.jpg"层，按 Ctrl+D 组合键，复制图层，如图 6-278 所示。选择"图层 1"，按 T 键，展开"透明度"属性，设置"透明度"选项的数值为 70%，如图 6-279 所示。

图 6-278

图 6-279

步骤④ 选择"图层 2"，选择"效果 > 风格化 > 查找边缘"命令，在"特效控制台"面板中进行参数设置，如图 6-280 所示。"合成"窗口中的效果如图 6-281 所示。

图 6-280   图 6-281

步骤 ⑤ 选择"效果 > 色彩校正 > 色阶"命令，在"特效控制台"面板中进行参数设置，如图 6-282 所示。"合成"窗口中的效果如图 6-283 所示。

图 6-282   图 6-283

步骤 ⑥ 选择"效果 > 色彩校正 > 色相位/饱和度"命令，在"特效控制台"面板中进行参数设置，如图 6-284 所示。"合成"窗口中的效果如图 6-285 所示。

图 6-284   图 6-285

步骤 ⑦ 选择"效果 > 风格化 > 笔触"命令，在"特效控制台"面板中进行参数设置，如图 6-286 所示。"合成"窗口中的效果如图 6-287 所示。

图 6-286　　　　　　　　　　　　　　　　　　图 6-287

步骤 ⑧ 在"项目"面板中选择"01.jpg"文件并将其拖曳到"时间线"面板中的最顶部，如图 6-288 所示。选中"图层 1"，选择"钢笔"工具，在"合成"窗口中绘制一个遮罩形状，如图 6-289 所示。

图 6-288　　　　　　　　　　　　　　　　　　图 6-289

步骤 ⑨ 选中"图层 1"层，按 F 键，展开"遮罩羽化"属性，设置"遮罩羽化"选项的数值为 30.0，如图 6-290 所示。手绘效果制作完成，如图 6-291 所示。

图 6-290　　　　　　　　　　　　　　　　　　图 6-291

课堂练习——单色保留

练习知识要点

使用"曲线"命令、"分色"命令、"色相位/饱和度"命令制作图片局部颜色效果，使用"横排文字"工具输入文字。单色保留效果如图6-292所示。

图 6-292

微课：单色
保留

效果所在位置

云盘\Ch06\单色保留\单色保留.aep。

课后习题——随机线条

习题知识要点

使用"分形噪波"命令编辑线条并添加关键帧制作随机线条动画，利用"模式"选项更改叠加模式。随机线条效果如图6-293所示。

图 6-293

微课：随机
线条

效果所在位置

云盘\Ch06\随机线条\随机线条.aep。

07

第 7 章
跟踪与表达式

本章对 After Effects CS6 中的"跟踪"与"表达式"进行介绍。重点讲解运动跟踪中的单点跟踪和多点跟踪，表达式中的创建表达式和编写表达式。通过对本章内容的学习，读者可以制作影片自动生成的动画，完成最终的影片效果。

课堂学习目标

✔ 掌握运动跟踪效果
✔ 学会创建和编写表达式

7.1 运动跟踪

运动跟踪是对影片中产生运动的物体进行追踪。应用运动跟踪时，合成文件中应该至少有两个层：一层是追踪目标层，一层是连接到追踪点的层。导入影片素材后，在菜单栏中选择"动画 > 运动跟踪"命令增加运动追踪，如图 7-1 所示。

图 7-1

7.1.1 单点跟踪

在某些合成效果中可能需要使某种特效跟踪另外一个物体运动，从而创建出想要得到的效果。例如，动态跟踪通过追踪鱼眼单独一个点的运动轨迹，使调节层与鱼眼的运动轨迹相同，完成合成效果，如图 7-20 所示。

选择"动画 > 运动跟踪"或"窗口 > 跟踪"命令，打开"跟踪"面板，在"图层"预览面板中显示当前层。设置"追踪类型"为"变换"，制作单点跟踪效果。在该面板中还可以设置"追踪摄像机""稳定器校正""追踪运动""稳定运动""动态资源""当前追踪""追踪类型""位置""旋转""缩放""设置目标""选项""分析""重置"和"应用"等，与图层视图相结合，实现单点跟踪，如图 7-3 所示。

图 7-2

图 7-3

7.1.2 多点跟踪

在某些影片的合成过程中经常需要将动态影片中的某一部分图像设置成其他图像，并生成跟踪效果，制作出想要得到的结果。例如，将一段影片与另一指定的图像进行置换合成。动态跟踪通过追踪标牌上的 4 个点的运动轨迹，使指定置换的图像与标牌的运动轨迹相同，完成合成效果。合成前与合成后效果分别如图 7-4 和图 7-5 所示。

多点跟踪效果的设置与单点跟踪效果的设置大部分相同，只是在"跟踪类型"设置中选择"透视拐点"类型。指定类型以后，在"图层"预览面板中可以定义 4 个跟踪点的位置，从而制作多点跟踪效果，如图 7-6 所示。

图 7-4　　　　　　　　　　图 7-5　　　　　　　　　　图 7-6

7.1.3 课堂案例——跟踪对象运动

案例学习目标

学习使用多点跟踪制作四点跟踪效果。

案例知识要点

使用"导入"命令导入视频文件，使用"跟踪"命令添加跟踪点。四点跟踪效果如图 7-7 所示。

微课：跟踪对
象运动

扫码查看
扩展案例

图 7-7

◉ 效果所在位置

云盘\Ch07\跟踪对象运动\跟踪对象运动. aep。

步骤① 按 Ctrl+N 组合键，弹出"图像合成设置"对话框，在"合成组名称"文本框中输入"最终效果"，其他选项的设置如图 7-8 所示，单击"确定"按钮，创建一个新的合成"最终效果"。选择"文件 > 导入 > 文件"命令，弹出"导入文件"对话框，选择云盘中的"Ch07 \跟踪对象运动\ (Footage)\ 01.avi 和 02.jpg"文件，单击"打开"按钮，导入文件到"项目"面板，如图 7-9 所示。

图 7-8

图 7-9

步骤② 在"项目"面板中选择"01.avi"和"02.jpg"文件，并将它们拖曳到"时间线"面板中。层的排列顺序如图 7-10 所示。选择"窗口 > 跟踪"命令，弹出"跟踪"面板，如图 7-11 所示。

图 7-10

图 7-11

步骤③ 选中"01.avi"层，在"跟踪"面板中单击"追踪运动"按钮，使"跟踪"面板处于激活状态，如图 7-12 所示。"图层"预览面板中的效果如图 7-13 所示。

步骤④ 在"跟踪"面板的"追踪类型"下拉菜单中选择"透视拐点"，如图 7-14 所示。"图层"预览面板中的效果如图 7-15 所示。

步骤⑤ 用鼠标分别拖曳 4 个控制点到画面的四角，如图 7-16 所示。在"跟踪"面板中单击"向前分析"按钮，自动跟踪计算，如图 7-17 所示。单击"应用"按钮，如图 7-18 所示。

图 7-12　　　　　图 7-13　　　　　图 7-14　　　　　图 7-15

图 7-16　　　　　图 7-17　　　　　图 7-18

步骤⑥ 选中"01.avi"层，按 U 键，展开所有关键帧，可以看到刚才设置的控制点经过跟踪计算后所产生的一系列关键帧，如图 7-19 所示。

图 7-19

步骤⑦ 选中"02.jpg"层，按 U 键展开所有关键帧，同样可以看到因跟踪而产生的一系列关键帧，如图 7-20 所示。

步骤⑧ 跟踪对象运动效果制作完成，如图 7-21 所示。

图 7-20

图 7-21

7.2 表达式

表达式可以创建层属性或一个属性关键帧到另一层或另一个属性关键帧的联系。当要创建一个复杂的动画，但又不愿意手工创建几十、几百个关键帧时，就可以试着用表达式代替。在 After Effects 中要给一个层增加表达式，需要先给该层增加一个表达式控制滤镜特效，如图 7-22 所示。

图 7-22

7.2.1 创建表达式

在"时间线"窗口中选择一个需要增加表达式的控制属性，在菜单栏中选择"动画 > 添加表达式"命令激活该属性，如图 7-23 所示。属性被激活后可以在该属性条中直接输入表达式覆盖现有的文字，添加表达式的属性中会自动增加启用开关▤、显示图表▙、表达式拾取◉和语言菜单▶等工具，如图 7-24 所示。

图 7-23

图 7-24

增加、编写表达式的工作都在"时间线"窗口中完成，当增加一个层属性的表达式到"时间线"窗口时，一个默认的表达式就出现在该属性下方的表达式编辑区中，在这个表达式编辑区中可以输入新的表达式或修改表达式的值。许多表达式依赖于层属性名，如果改变了表达式所在的层属性名或层名，这个表达式可能产生一个错误的消息。

7.2.2 编写表达式

可以在"时间线"面板中的表达式编辑区中直接编写表达式，或通过其他文本工具编写。如果在其他文本工具中编写表达式，只需简单地将表达式复制、粘贴到表达式编辑区中即可。在编写自己的表达式时，可能需要一些 JavaScript 语法和数学基础知识。

当编写表达式时，需要注意如下事项：JavaScript 语句区分大小写；在一段或一行程序后需要加"；"符号，使词间空格被忽略。

在 After Effects 中，可以用表达式语言访问属性值。访问属性值时，用"."符号将对象连接起来，连接的对象在层水平排列；连接效果、遮罩、文字动画，可以用"( )"符号。例如，连接层 A 的 Opacity 属性到层 B 的高斯模糊的 Blurriness 属性，可以在层 A 的 Opacity 属性下面输入如下表达式：

```
thisComp.layer(layer B).effect(Gaussian Blur) (Blurriness)
```

表达式的默认对象是表达式中对应的属性，接着是层中内容的表达，因此，没有必要指定属性。例如，在层的位置属性上写摆动表达式可以用如下两种方法：

```
wiggle(5,10)
position.wiggle(5,10)
```

在表达式中可以包括层及其属性。例如，将 B 层的 Opacity 属性与 A 层的 Position 属性相连的表达式为

```
thisComp.layer(layerA).position[0].wiggle(5,10)
```

当添加一个表达式到属性后，可以连续对属性进行编辑或增加关键帧。编辑或创建的关键帧的值将在表达式以外使用。

写好表达式后可以存储它以便将来重复使用，还可以在记事本中编辑。但是表达式是针对层编写的，不允许简单地存储和装载表达式到一个项目。如果要存储表达式以便用于其他项目，需要加注解或存储整个项目文件。

课堂练习——跟踪老鹰飞行

🔗 练习知识要点

使用"导入"命令导入视频文件，使用"跟踪"命令进行单点跟踪。跟踪老鹰飞行效果如图 7-25 所示。

◎ 效果所在位置

云盘\Ch07\跟踪老鹰飞行\跟踪老鹰飞行.aep。

微课：跟踪老鹰飞行

图 7-25

课后习题——放大镜效果

习题知识要点

使用"导入"命令，导入图片文件；使用"定位点"工具，改变中心点位置效果；使用"球面化"命令，制作放大效果；使用"添加表达式"命令，为球面化添加表达式。放大镜效果如图 7-26 所示。

微课：放大
镜效果

图 7-26

效果所在位置

云盘\Ch07\放大镜效果\放大镜效果.aep。

08

第 8 章
抠像

本章对 After Effects 的抠像功能进行详细讲解，包括颜色差异键、颜色键、色彩范围、差异蒙版、提取（抽出）、内部/外部键、线性色键、亮度键、溢出抑制和外挂抠像等内容。通过对本章的学习，读者可以自如地应用抠像功能进行实际创作。

课堂学习目标

- ✔ 掌握不同的抠像效果
- ✔ 了解外挂抠像

8.1 抠像效果

抠像滤镜通过指定一种颜色，将与其近似的像素抠像，使其透明。此功能相对简单，对于拍摄质量好，背景比较单纯的素材有不错的效果，但是不适合处理复杂情况。

在 After Effects 中，实现键出的滤镜都放置在"键控"分类里，根据其原理和用途，又可以分为 3 类：二元键出、线性键出和高级键出。其功能和用途如下。

二元键出：如"颜色键"和"亮度键"等。这是一种比较简单的键出抠像，只能产生透明与不透明效果，对于半透明效果的抠像就无能为力了，适合前期拍摄较好，有着明确的边缘，背景平整且颜色无太大变化的高质量视频。

线性键出：如"线性色键""差异蒙版"和"提取（抽出）"等。这类键出抠像可以将键出色与画面颜色进行比较，当两者完全相同时，则自动抠去键出色；当键出色与画面颜色不是完全符合，将产生半透明效果。此类滤镜产生的半透明效果是线性分布的，虽然适合大部分抠像要求，但对于烟雾、玻璃之类更为细腻的半透明抠像仍有局限，需要借助更高级的抠像滤镜。

高级键出：如"颜色差异键"和"色彩范围"等。此类键出滤镜适合复杂的抠像操作，十分适用于透明、半透明的物体抠像。即使实际拍摄时背景不够平整，蓝屏或者绿屏亮度分布不均匀、带有阴影，也能通过此类键出滤镜得到不错的键出抠像效果。

8.1.1 颜色差异键

颜色差异键把图像划分为两个蒙版透明效果。局部蒙版 B 使指定的抠像颜色变为透明，局部蒙版 A 使图像中不包含第二种不同颜色的区域变为透明。这两种蒙版效果联合起来就得到最终的第三种蒙版效果，即背景变为透明。

在颜色差异键的"预览"项中，左侧缩略图表示原始图像，右侧缩略图表示蒙版效果，吸管工具🖉用于在原始图像缩略图中拾取抠像颜色，吸管工具🖋用于在蒙版缩略图中拾取透明区域的颜色，吸管工具🖋用于在蒙版缩略图中拾取不透明区域颜色，如图 8-1 所示。

图 8-1

查看：指定合成视图中显示的合成效果。

键色：通过吸管拾取透明区域的颜色。

色彩匹配精度：用于控制匹配颜色的精确度。若屏幕上不包含主色调会得到较好的效果。

蒙版控制：调整通道中的"黑输入""白输入"和"Gamma"参数值的设置，从而修改图像蒙版的透明度。

8.1.2　颜色键

颜色键设置如图8-2所示。

图8-2

键颜色：通过吸管工具拾取透明区域的颜色。

色彩宽容度：用于调节抠像颜色所匹配的颜色范围。该参数值越大，抠掉的颜色范围就越大；该参数值越小，抠掉的颜色范围就越小。

边缘变薄：减少所选区域的边缘的像素值。

边缘羽化：设置抠像区域的边缘以产生柔和羽化效果。

8.1.3　色彩范围

色彩范围可以通过去除Lab、YUV或RGB模式中指定的颜色范围来创建透明效果。用户可以对多种颜色组成的背景屏幕图像，如不均匀光照并且包含同种颜色阴影的蓝色或绿色屏幕图像应用该滤镜特效，如图8-3所示。

图8-3

模糊性：设置选区边缘的模糊量。

色彩空间：设置颜色之间的距离，有 Lab、YUV、RGB 3 种选项，每种选项对颜色的不同变化有不同的反映。

最小与最大：对层的透明区域进行微调设置。

8.1.4　差异蒙版

差异蒙版（软件中为差异蒙板）可以通过对比源层和对比层的颜色值，将源层中与对比层颜色相同的像素删除，从而创建透明效果。该滤镜特效的典型应用就是将一个复杂背景中的移动物体合成到其他场景中，通常情况下对比层采用源层的背景图像，其设置如图 8-4 所示。

图 8-4

差异层：设置哪一层将作为对比层。

如果层大小不同：设置对比层与源图像层的大小匹配方式，有居中和拉伸进行适配两种方式。

差异前模糊：细微模糊两个控制层中的颜色噪点。

8.1.5　提取（抽出）

提取（抽出）通过图像的亮度范围来创建透明效果。图像中所有与指定的亮度范围相近的像素都将被删除，该滤镜特效对于具有黑色或白色背景的图像，或者背景亮度与保留对象之间亮度反差很大的复杂背景图像有较好的处理效果，还可以用来删除影片中的阴影，如图 8-5 所示。

图 8-5

8.1.6　内部/外部键

内部/外部键通过层的遮罩路径来确定要隔离的物体边缘，从而把前景物体从它的背景上分离出来。利用该滤镜特效可以将具有不规则边缘的物体从它的背景中分离出来。这里使用的遮罩路径可以十分粗略，不一定正好在物体的四周边缘，如图 8-6 所示。

图 8-6

8.1.7　线性色键

线性色键不仅可以用来进行抠像处理，还可以用来保护其他误删除但不应删除的颜色区域。如果在图像中抠出的物体包含被抠像颜色，当对其进行抠像时这些区域可能也会变成透明区域，这时先对图像施加线性色键滤镜特效，然后在滤镜特效控制面板中设置"键操作 > 键色"选项，找回不该删除的部分，如图 8-7 所示。

图 8-7

8.1.8　亮度键

亮度键是根据层的亮度对图像进行抠像处理，可以将图像中具有指定亮度的所有像素都删除，从而创建透明效果，而层质量设置不会影响滤镜效果，如图 8-8 所示。

图 8-8

键类型：包括亮部抠出、暗部抠出、抠出相似区域和抠出非相似区域等抠像类型。

阈值：设置抠像的亮度极限数值。

宽容度：指定接近抠像极限数值的像素范围，数值的大小可以影响抠像区域。

8.1.9 溢出抑制

溢出抑制可以去除键控操作后图像残留的键控色的痕迹，消除图像边缘溢出的键控色，这些溢出的键控色常常是背景的反射造成的，如图 8-9 所示。

图 8-9

色彩抑制：拾取要进一步删除的溢出颜色。

抑制量：控制溢出颜色程度。

8.1.10 课堂案例——抠像效果

案例学习目标

学习使用键控命令制作抠像效果。

案例知识要点

使用"颜色键"命令修复图片效果；设置"缩放"和"位置"属性，缩放图像及编辑图片位置。抠像效果如图 8-10 所示。

微课：抠像
效果

扫码查看
扩展案例

图 8-10

效果所在位置

云盘\Ch08\抠像效果\抠像效果.aep。

步骤① 按 Ctrl+N 组合键，弹出"图像合成设置"对话框，在"合成组名称"文本框中输入"抠像"，其他选项的设置如图 8-11 所示，单击"确定"按钮，创建一个新的合成"抠像"。选择"文件 > 导入 > 文件"命令，弹出"导入文件"对话框，选择云盘中的"Ch08\抠像效果\(Footage)\01.jpg、02.jpg"文件，如图 8-12 所示，单击"打开"按钮，导入图片。

图 8-11

图 8-12

步骤② 在"项目"面板中选中"01.jpg"文件并将其拖曳到"时间线"面板中，按 S 键，展开"缩放"属性，设置"缩放"选项的数值为 25.0%，如图 8-13 所示。"合成"窗口中的效果如图 8-14 所示。

图 8-13   图 8-14

步骤 ❸ 选中"01.jpg"层,选择"效果 > 键控 > 颜色键"命令,选择"键颜色"选项右侧的吸管工具,如图 8-15 所示,吸取背景素材上的蓝色,如图 8-16 所示。"合成"窗口中的效果如图 8-17 所示。

图 8-15   图 8-16   图 8-17

步骤 ❹ 选中"01.jpg"层,在"特效控制台"面板中进行参数设置,如图 8-18 所示。"合成"窗口中的效果如图 8-19 所示。

图 8-18   图 8-19

步骤 ❺ 按 Ctrl+N 组合键,弹出"图像合成设置"对话框,在"合成组名称"文本框中输入"抠像效果",其他选项的设置如图 8-20 所示,单击"确定"按钮,创建一个新的合成"抠像效果"。在

"项目"面板中选择"02.jpg"文件，并将其拖曳到"时间线"面板中，如图 8-21 所示。

图 8-20   图 8-21

步骤⑥ 在"项目"面板中选中"抠像"合成并将其拖曳到"时间线"面板中，如图 8-22 所示。"合成"窗口中的效果如图 8-23 所示。

图 8-22   图 8-23

步骤⑦ 选中"抠像"层，按 S 键，展开"缩放"属性，设置"缩放"选项的数值为 76.0%，如图 8-24 所示。"合成"窗口中的效果如图 8-25 所示。

图 8-24   图 8-25

步骤⑧ 选中"抠像"层，按 P 键，展开"位置"属性，设置"位置"选项的数值为 356.6、349.1，如图 8-26 所示。抠像效果制作完成，如图 8-27 所示。

图 8-26

图 8-27

8.2 外挂抠像

根据设计制作任务的需要，这需要先将外挂抠像插件安装在电脑中。安装后，就可以使用功能强大的外挂抠像插件。例如 Keylight（1.2）插件是为专业的高端电影开发的抠像软件，用于精细地去除影像中任何一种指定的颜色。

"抠像"一词是从早期电视制作中得来，英文称作"keylight"，意思就是将画面中的某一种颜色从画面中删除，从而使背景透出来，形成两层画面的叠加合成。在室内拍摄的人或物经抠像后与各景物叠加在一起，形成各种奇特的效果。原图图片如图 8-28、图 8-29 所示，叠加合成后的效果如图 8-30 所示。

图 8-28

图 8-29

图 8-30

课堂练习——复杂抠像

练习知识要点

利用"缩放"属性改变图片大小，使用"Keylight"插件修复图片效果。复杂抠像效果如图 8-31 所示。

微课：复杂
抠像

图 8-31

 效果所在位置

云盘\Ch08\复杂抠像\复杂抠像.aep。

课后习题——替换人物背景

习题知识要点

使用"颜色键"命令去除图片背景，利用"位置"和"缩放"属性改变图片位置及大小，使用"调节层"命令新建调节层，使用"色相位/饱和度"命令调整图片颜色。替换人物背景效果如图 8-32 所示。

微课：替换人
物背景

图 8-32

 效果所在位置

云盘\Ch08\替换人物背景\替换人物背景.aep。

09

第 9 章
添加声音特效

本章对声音的导入和声音特效面板进行详细讲解。其中包括声音导入与监听、声音长度的缩放、声音的淡入淡出、声音的倒放、低音与高音、声音的延迟、镶边与和声等内容。读者通过对本章的学习，可以完全掌握 After Effects 的声音特效制作。

课堂学习目标

- 掌握将声音导入影片的方法
- 学会在声音特效面板中完成声音特效操作

9.1 声音导入与基本设置

声音是影片的引导者，没有声音的影片无论多么精彩也难以使观众陶醉。下面介绍把声音配入影片、声音缩放及动态音量设置的方法。

9.1.1 声音的导入与监听

启动 After Effects，选择"文件 > 导入 > 文件"命令，在弹出的对话框中选择"基础素材\Ch09\01.mp4"文件，单击"打开"按钮，导入素材。在"项目"面板中选择该素材，预览窗口下方出现了声波图形，如图 9-1 所示，这说明该视频素材携带着声道。将"01.mp4"文件从"项目"面板中拖曳到"时间线"面板中。

选择"窗口 > 预览控制台"命令，在弹出的"预览控制台"面板中确定 🔊 图标为弹起状态，如图 9-2 所示。在"时间线"面板中同样确定 🔊 图标为弹起状态，如图 9-3 所示。

图 9-1 图 9-2 图 9-3

按数字键盘 0 键即可监听影片的声音；按住 Ctrl 键的同时，拖曳时间标签，可以实时听到当前时间标签位置的音频。

选择"窗口 > 音频"命令，弹出"音频"面板，在该面板中拖曳滑块可以调整声音素材的总音量或分别调整左右声道的音量，如图 9-4 所示。

图 9-4

在"时间线"面板中展开"波形"卷展栏，可以在时间线中显示声音的波形；调整"音频电平"右侧的两个参数可以分别调整左右声道的音量，如图 9-5 所示。

图 9-5

9.1.2　声音长度的缩放

在"时间线"面板底部单击按钮 ，使控制区域完全显示。在"持续时间"选项可以设置声音的播放长度，在"伸缩"选项可以设置播放时长与原始素材时长的百分比，如图 9-6 所示。例如将"伸缩"参数设置为 200.0% 后，声音的实际播放时长是原始素材时长的 2 倍。通过这两个参数缩短或延长声音的播放长度后，声音的音调也相应升高或降低。

图 9-6

9.1.3　声音的淡入和淡出

将时间标签置于起始帧的位置，单击"音频电平"左侧"关键帧自动记录器"按钮 ，添加关键帧，输入参数-100.00；拖曳时间标签到 0:00:02:00 的位置，输入参数 0.00，在时间线上再增加 1个关键帧，如图 9-7 所示。此时按住 Ctrl 键不放，同时拖曳时间指针，可以听到声音由小变大的淡入效果。

图 9-7

拖曳时间标签到 0:00:03:00 的位置，设置"音频电平"参数为 0.10；拖曳时间标签到结束帧的位置，输入"音频电平"参数-100.00，"时间线"面板的状态如图 9-8 所示。按住 Ctrl 键不放，同时拖曳时间标签，可以听到声音的淡出效果。

图9-8

9.1.4　课堂案例——为影片添加声音特效

案例学习目标

学习将声音导入影片来为影片添加声音特效。

案例知识要点

使用"导入"命令导入声音、视频文件，利用"音频电平"选项制作背景音乐效果。为影片添加声音特效效果如图 9-9 所示。

微课：为影片
添加声音特效

扫码查看
扩展案例

图9-9

效果所在位置

云盘\Ch09\为影片添加声音特效\为影片添加声音特效.aep。

步骤① 按 Ctrl+N 组合键，弹出"图像合成设置"对话框，在"合成组名称"文本框中输入"最终效果"，其他选项的设置如图 9-10 所示，单击"确定"按钮，创建一个新的合成"最终效果"。选择"文件 > 导入 > 文件"命令，弹出"导入文件"对话框，选择云盘中的"Ch09\为影片添加声音特效\ (Footage) \"中的"01.avi"和"02.wav"文件，如图 9-11 所示，单击"打开"按钮，导入视频和声音并将它们拖曳到"时间线"面板中。层的排列顺序如图 9-12 所示。

图 9-10　　　　　　　　　　　　　图 9-11　　　　　　　　　　　图 9-12

步骤② 选中"02.wav"层，展开"音频"属性，在"时间线"面板中将时间标签放置在 0：00：06：00 的位置，单击"音频电平"选项左侧的"关键帧自动记录器"按钮 ○，记录第 1 个关键帧，如图 9-13 所示。

步骤③ 将时间标签放置在 0：00：07：01 的位置，在"时间线"面板中，设置"音频电平"选项的数值为 10.00，如图 9-14 所示，记录第 2 个关键帧。

图 9-13　　　　　　　　　　　　　　　　　图 9-14

步骤④ 选中"02.wav"层，选择"效果 > 音频 > 倒放"命令，在"特效控制台"面板中进行参数设置，如图 9-15 所示。选择"效果 > 音频 > 高通/低通"命令，在"特效控制台"面板中进行参数设置，如图 9-16 所示。

步骤⑤ 为影片添加声音特效制作完成，如图 9-17 所示。

图 9-15　　　　　　　　　　　图 9-16　　　　　　　　　　　图 9-17

9.2 声音特效面板

为声音添加特效就像为视频添加滤镜一样，只要在菜单中选择相应的声音效果命令来完成需要的操作即可。

9.2.1 倒放

选择"效果 > 音频 > 倒放"命令，即可为声音添加倒放特效。这个特效可以倒放音频素材，即从最后一帧向第一帧播放。勾选"交换声道"复选框可以交换左、右声道中的音频，如图 9-18 所示。

图 9-18

9.2.2 低音与高音

选择"效果 > 音频 > 低音与高音"命令，即可为声音添加低音与高音特效。拖曳低音或高音滑块可以增加或减少音频中低音或高音的音量，如图 9-19 所示。

图 9-19

9.2.3 延迟

选择"效果 > 音频 > 延迟"命令，即可为声音添加延迟特效。它可将声音素材进行多层延迟来模仿回声效果，例如制造墙壁的回声或空旷的山谷中的回声。"延迟时间"参数用于设定原始声音和其回音之间的时间间隔，单位为"毫秒"；"延迟量"参数用于设置延迟音频的音量；"回授"参数用于设置由回音产生的后续回音的音量；"干输出"参数用于设置声音素材的电平；"湿输出"参数用于设置最终输出声波电平，如图 9-20 所示。

9.2.4 镶边与和声

选择"效果 > 音频 > 镶边与和声"命令，即可为声音添加镶边与和声特效。"镶边"效果的产生原理是将声音素材的一个拷贝稍作延迟后与原声音混合，这样就造成某些频率的声波叠加或相减。这种效果在声音物理学中被称作为"梳状滤波"，它会产生一种"干瘪"的声音效果，该效果在电吉他独奏中经常被应用。当混入多个延迟的拷贝声音时会产生乐器的"和声"效果。

在"镶边与和声"特效控制台中，"声音"参数用于设置延迟的声音拷贝的数量，增大此值将使镶边效果减弱而使和声效果增强；"变调深度"用于设置声音拷贝的混合深度；"声音相位改变"参数用于设置声音拷贝相位的变化程度；"干声输出/湿声输出"用于设置未处理音频与处理后的音频的混合程度，如图 9-21 所示。

图 9-20

图 9-21

9.2.5 高通/低通

选择"效果 > 音频 > 高通/低通"命令，即可为声音添加高通或低通特效。该声音特效只允许设定的频率通过，通常用于滤去低频率或高频率的噪声，如电流声、咝咝声等。在"滤镜选项"栏中可以选择使用"高通"方式或"低通"方式。"频率截断"参数用于设置滤波器的分界频率，当选择"高通"方式滤波时，低于该频率的声音被滤除；当选择"低通"方式滤波时，高于该频率的声音被滤除。"干输出"参数调整在最终渲染时，未处理的音频的混合量，用于设置声音素材的电平；"湿输出"参数用于设置最终输出声波电平。如图 9-22 所示。

图 9-22

9.2.6 调制器

选择"效果 > 音频 > 调制器"命令，即可为声音添加调制器特效。该声音特效可以为声音素材加入颤音效果。"变调类型"用于设置颤音的波形，"变调比率"参数以"赫兹"（Hz）为单位设置颤音调制的频率。"变调深度"参数以调制频率的百分比为单位设置颤音频率的变化范围，"振幅变调"用于设置颤音的强弱，如图 9-23 所示。

图 9-23

课堂练习——为冲浪添加背景音乐

🔗 练习知识要点

使用"导入"命令导入声音、视频文件，利用"音频电平"选项制作背景音乐效果。为冲浪添加背景音乐效果如图 9-24 所示。

图 9-24

微课：为冲浪
添加背景音乐

◉ 效果所在位置

云盘\Ch09\为冲浪添加背景音乐\为冲浪添加背景音乐.aep。

课后习题——为草原风光添加音效

习题知识要点

使用"低音与高音"命令制作声音文件特效，使用"高通/低通"命令调整高低音效果，使用"照片滤镜"命令调整视频的色调。为草原风光添加音效如图 9-25 所示。

效果所在位置

云盘\Ch09\为草原风光添加音效\为草原风光添加音效.aep。

微课：为草原
风光添加音效

图 9-25

10

第 10 章
制作三维合成特效

After Effects 不仅可以在二维空间创建合成效果，随着新版本的推出，其在三维立体空间中的合成与动画功能也越来越强大。After Effects CS6 可以在深度的三维空间中丰富图层的运动样式，创建更逼真的灯光、投射阴影、材质效果和摄像机运动效果。读者通过对本章的学习，可以掌握制作三维合成特效的方法和技巧。

课堂学习目标

- ✔ 掌握三维合成的方法
- ✔ 学会应用灯光和摄像机

10.1　三维合成

After Effects CS6 可以在三维空间中显示图层。将图层指定为三维时，After Effects 会添加一个 Z 轴控制该层的深度。当 Z 轴值增加时，该层在空间中移动到更远处；当 Z 轴值减小时，则会更近。

10.1.1　转换成三维层

除了声音以外，所有素材层都具有转换成三维层的功能。将一个普通的二维层转化为三维层非常简单，只需要在层属性开关面板打开"3D 图层"按钮⬛即可。展开层属性就会发现变换属性中无论是定位点属性、位置属性、缩放属性、方向属性，还是旋转属性，都出现了 Z 轴向参数信息，另外"三维图层"面板中还添加了一个"质感选项"属性，如图 10-1 所示。

图 10-1

设置"Y 轴旋转"值为 45°，合成后的影像效果如图 10-2 所示。

图 10-2

如果要将三维层重新变回二维层，只需要在层属性开关面板再次单击"3D 图层"按钮⬛，关闭三维属性即可。三维层中的 Z 轴信息和"质感材质"信息将丢失。

> 虽然很多特效（例如"效果 > 扭曲 > 膨胀"滤镜）可以模拟三维空间效果，不过这些都是实实在在的二维特效，也就是说，即使这些特效当前作用是三维层，但是它们仍然只是模拟三维效果而不会对三维层轴产生任何影响。

10.1.2 变换三维层的位置属性

对于三维层来说，"位置"属性由 X、Y、Z 3 个维度的参数控制，如图 10-3 所示。

图10-3

步骤① 打开 After Effects 软件，选择"文件 > 打开项目"命令，选择云盘目录下的"基础素材\Ch10\三维图层.aep"文件，单击"打开"按钮打开此文件。

步骤② 在"时间线"面板中，选择某个三维层，或者摄像机层、灯光层，被选择层的坐标轴将会显示出来，其中红色坐标代表 X 轴向，绿色坐标代表 Y 轴向，蓝色坐标代表 Z 轴向。

步骤③ 在"工具"面板中选择"选择"工具，在"合成"窗口中，将鼠标停留在各个轴向上，观察鼠标光标的变化，当光标变成时，代表移动锁定在 X 轴向上；当光标变成时，代表移动锁定在 Y 轴向上；当光标变成时，代表移动锁定在 Z 轴向上。

提示

如果光标没有呈现任何坐标轴信息，可以在空间中全方位地移动三维对象。

10.1.3 变换三维层的旋转属性

1. 利用"方向"属性实现旋转

步骤① 选择"文件 > 打开项目"命令，选择云盘目录下的"基础素材\Ch10\三维图层.aep"文件，单击"打开"按钮打开此文件。

步骤② 在"时间线"面板中，选择某三维层，或者摄像机层、灯光层。

步骤③ 在"工具"面板中，选择"旋转"工具，在坐标系选项右侧的下拉列表中选择"方向"选项，如图 10-4 所示。

图10-4

步骤④ 在"合成"窗口中，将鼠标光标放置在某坐标轴上，当光标出现"X"时，进行 X 轴向旋转；当光标出现"Y"时，进行 Y 轴向旋转；当光标出现"Z"时，进行 Z 轴向旋转；在没有出现任何信息时，可以全方位旋转三维对象。

步骤⑤ 在"时间线"面板中，展开当前三维层"变换"属性，观察"方向"属性值的变化，如图 10-5 所示。

图 10-5

2. 利用"旋转"属性实现旋转

步骤① 使用上面的素材案例，选择"文件 > 返回"命令，还原到项目文件的上次存储状态。

步骤② 在"工具"面板中，选择"旋转"工具 ，在坐标系选项右侧的下拉列表中选择"旋转"选项，如图 10-6 所示。

图 10-6

步骤③ 在"合成"窗口中，将鼠标光标放置在某坐标轴上，当光标出现"X"时，进行 X 轴向旋转；当光标出现"Y"时，进行 Y 轴向旋转；当光标出现"Z"时，进行 Z 轴向旋转；在没有出现任何信息时，可以全方位旋转三维对象。

步骤④ 在"时间线"面板中，展开当前三维层变换属性，观察 3 组"旋转"属性值的变化，如图 10-7 所示。

图 10-7

10.1.4 三维层的质感属性

当普通的二维层转化为三维层时，其"三维图层"面板中添加了一个全新的属性——"质感选项"属性，可以通过此属性的各项设置，决定三维层如何响应灯光光照系统，如图 10-8 所示。

图 10-8

选中某个三维素材层，连续按两次 A 键，展开"质感选项"属性。

投射阴影：设置是否投射阴影。其中包括"打开""关闭""只有阴影"3 种模式，如图 10-9、图 10-10、图 10-11 所示。

图 10-9

图 10-10

图 10-11

照明传输：设置透光程度。可以体现半透明物体在灯光下的照射效果，主要效果体现在阴影上，如图 10-12、图 10-13 所示。

照明传输值为 0%

图 10-12

照明传输值为 60%

图 10-13

接受阴影：设置是否接受阴影，此属性不能制作关键帧动画。

接受照明：设置是否接受光照，此属性不能制作关键帧动画。

环境：调整三维层受"环境"类型灯光影响的程度。照明设置如图 10-14 所示。

扩散：调整层漫反射程度。如果设置为 100%，将反射大量的光；如果设置为 0%，则不反射光。

镜面高光：调整层镜面反射的程度。

图 10-14

　　光泽：设置"镜面高光"的区域。值越小，"镜面高光"区域就越小。在"镜面高光"值为 0% 的情况下，此设置不起作用。

　　质感：调整由"镜面高光"反射的光的颜色。其值越接近 100%，反射光的颜色就越接近图层的颜色；值越接近 0%，就越接近灯光的颜色。

10.1.5　课堂案例——三维空间

案例学习目标

学习使用三维合成制作三维空间效果。

案例知识要点

　　使用"横排文字"工具输入文字，利用"位置"选项制作文字动画效果，使用"马赛克"命令、"最大/最小"命令、"查找边缘"命令制作特效形状，使用"渐变"命令制作背景渐变效果，利用变换三维层的位置属性制作空间效果，利用"透明度"选项调整文字不透明度。三维空间效果如图 10-15 所示。

图 10-15

扫码查看
扩展案例

微课：三维
空间

效果所在位置

云盘\Ch10\三维空间\三维空间.aep。

1. 编辑文字

步骤① 按 Ctrl+N 组合键，弹出"图像合成设置"对话框，在"合成组名称"文本框中输入"线框"，其他选项的设置如图 10-16 所示，单击"确定"按钮，创建一个新的合成"线框"，"项目"面板如图 10-17 所示。

图 10-16   图 10-17

步骤② 选择"横排文字"工具 T，在"合成"窗口中输入文字"123456789"。选中文字，在"文字"面板中，设置"填充色"为浅灰色（其 R、G、B 的值均为 235），其他参数设置如图 10-18 所示。"合成"窗口中的效果如图 10-19 所示。

图 10-18   图 10-19

步骤③ 选中文字层，按 P 键，展开"位置"属性，设置"位置"选项的数值为-251.0、651.0，如图 10-20 所示。"合成"窗口中的效果如图 10-21 所示。

步骤④ 展开"文字"层的属性，单击"动画"后的 ▶ 按钮，在弹出的下拉菜单中选择"缩放"选项，如图 10-22 所示，则在"时间线"面板中自动添加一个"范围选择器 1"和"缩放"选项。选择"范围选择器 1"选项，按 Delete 键删除，设置"缩放"选项的数值为 180%，如图 10-23 所示。

图 10-20　　　　　　　　　　　　　　　图 10-21

图 10-22　　　　　　　　　　　　　　　图 10-23

步骤 ⑤ 单击"动画 1"选项后的"添加"按钮，在弹出的窗口中选择"选择器 > 摇摆"选项，如图 10-24 所示。展开"波动选择器 1"属性，设置"模式"选项为"加"，如图 10-25 所示。

图 10-24　　　　　　　　　　　　　　　图 10-25

步骤 ⑥ 展开"文字"选项下的"高级选项"属性，设置"编组对齐"选项的数值为 0.0%、160.0%，如图 10-26 所示。"合成"窗口中的效果如图 10-27 所示。

步骤 ⑦ 选择"效果 > 风格化 > 马赛克"命令，在"特效控制台"面板中进行参数设置，如图 10-28 所示。"合成"窗口中的效果如图 10-29 所示。

步骤 ⑧ 选择"效果 > 通道 > 最大/最小"命令，在"特效控制台"面板中进行参数设置，如图 10-30 所示。"合成"窗口中的效果如图 10-31 所示。

图 10-26

图 10-27

图 10-28

图 10-29

图 10-30

图 10-31

步骤 ⑨ 选择"效果 > 风格化 > 查找边缘"命令，在"特效控制台"面板中进行参数设置，如图 10-32 所示。"合成"窗口中的效果如图 10-33 所示。

步骤 ⑩ 按 Ctrl+N 组合键，弹出"图像合成设置"对话框，在"合成组名称"文本框中输入"文字"，其他选项的设置如图 10-34 所示，单击"确定"按钮，创建一个新的合成"文字"。选择"横排文字"工具 T，在"合成"窗口中输入文字"数码时代"。选中文字，在"文字"面板中，设置"填充色"为淡灰色（其 R、G、B 的值均为 235），其他参数设置如图 10-35 所示。

图 10-32

图 10-33

图 10-34

图 10-35

步骤 ⑪ 单击文字层右侧的"3D 图层"按钮，打开三维属性，如图 10-36 所示。按 S 键，展开"缩放"属性，设置"缩放"选项的数值为 80.0%，如图 10-37 所示。

图 10-36

图 10-37

步骤 ⑫ 按 P 键，展开"位置"属性，设置"位置"选项的数值为 355.0、531.0、550.0，如图 10-38 所示。选中文字层，单击按钮 ▼ 收缩属性，按 4 次 Ctrl+D 组合键复制 4 层，如图 10-39 所示。

图 10-38

图 10-39

2. 添加文字动画

步骤① 选中"数码时代"层,将时间标签放置在 0:00:02:05 的位置,如图 10-40 所示。按 P 键,展开"位置"属性,单击"位置"选项左侧的"关键帧自动记录器"按钮,如图 10-41 所示,记录第 1 个关键帧。

步骤② 将时间标签放置在 0:00:03:05 的位置,如图 10-42 所示,设置"位置"选项的数值为 355.0、530.0、−1200.0,如图 10-43 所示,记录第 2 个关键帧。

图 10-40

图 10-41

图 10-42

图 10-43

步骤③ 选中"数码时代 2"层,将时间标签放置在 0:00:01:15 的位置。按 P 键,展开"位置"属性,设置"位置"选项的数值为 428.0、453.0、−60.0,单击"位置"选项左侧的"关键帧自动记录器"按钮,如图 10-44 所示,记录第 1 个关键帧。将时间标签放置在 0:00:02:15 的位置,设置"位置"选项的数值为 428.0、453.0、−1400.0,如图 10-45 所示,记录第 2 个关键帧。

图 10-44

图 10-45

步骤④ 选中"数码时代 3"层,将时间标签放置在 0:00:02:15 的位置。按 P 键,展开"位置"属性,设置"位置"选项的数值为 320.0、413.0、−100.0,单击"位置"选项左侧的"关键帧自动记录器"按钮,如图 10-46 所示,记录第 1 个关键帧。将时间标签放置在 0:00:03:15 的位置,设置"位置"选项的数值为 320.0、457.0、−1500.0,如图 10-47 所示,记录第 2 个关键帧。

步骤⑤ 选中"数码时代 4"层,将时间标签放置在 0:00:01:10 的位置。按 P 键,展开"位置"属性,设置"位置"选项的数值为 490.0、364.0、150.0,单击"位置"选项左侧的"关键帧自动记

录器"按钮 ⟳，如图 10-48 所示，记录第 1 个关键帧。将时间标签放置在 0：00：02：10 的位置，设置
"位置"选项的数值为 490.0、364.0、-1400.0，如图 10-49 所示，记录第 2 个关键帧。

图 10-46　　　　　　　　　　　　　　　　图 10-47

图 10-48　　　　　　　　　　　　　　　　图 10-49

步骤⑥ 选中"数码时代 5"层，将时间标签放置在 0：00：02：20 的位置。按 P 键，展开"位置"
属性，设置"位置"选项的数值为 360.0、312.0、288.0，单击"位置"选项左侧的"关键帧自动记
录器"按钮 ⟳，如图 10-50 所示，记录第 1 个关键帧。将时间标签放置在 0：00：03：20 的位置，设置
"位置"选项的数值为 360.0、312.0、-1200.0，如图 10-51 所示，记录第 2 个关键帧。

图 10-50　　　　　　　　　　　　　　　　图 10-51

3. 制作空间效果

步骤① 按 Ctrl+N 组合键，弹出"图像合成设置"对话框，在"合成组名称"文本框中输
入"三维空间"，其他选项的设置如图 10-52 所示，单击"确定"按钮，创建一个新的合成"三
维空间"。

步骤② 选择"文件 ＞ 导入 ＞ 文件"命令，在弹出的"导入文件"对话框中，选择云盘中的"Ch10\
三维空间\ (Footage)\ 01.jpg"文件，如图 10-53 所示，单击"打开"按钮，导入图片，并将"01.jpg"
文件拖曳到"时间线"面板中，如图 10-54 所示。

步骤③ 在"项目"面板中，选中"线框"合成并将其拖曳到"时间线"面板中 5 次，单击所有
线框层右面的"3D 图层"按钮 ⬛，打开三维属性，在"时间线"面板中，设置所有"线框"层的混
合模式为"添加"，如图 10-55 所示。

图 10-52　　　　　　　　　　　图 10-53　　　　　　　　　　　图 10-54

图 10-55

步骤 ④ 选中"图层 5"，展开"线框"层的"变换"属性，并在"变换"选项区中设置参数，如图 10-56 所示。选中"图层 4"，展开"线框"层的"变换"属性，并在"变换"选项区中设置参数，如图 10-57 所示。

图 10-56　　　　　　　　　　　　　　　　　图 10-57

步骤 ⑤ 选中"图层 3"，展开"线框"层的"变换"属性，并在"变换"选项区中设置参数，如图 10-58 所示。选中"图层 2"，展开"线框"层的"变换"属性，并在"变换"选项中设置参数，如图 10-59 所示。

步骤 ⑥ 选中"图层 1"，展开"线框"层的"变换"属性，并在"变换"选项区中设置参数，如图 10-60 所示。"合成"窗口中的效果如图 10-61 所示。

步骤 ⑦ 在"项目"面板中，选中"文字"合成并将其拖曳到"时间线"面板中，单击文字层右侧的"3D 图层"按钮，打开三维属性，如图 10-62 所示。将时间标签放置在 0：00：03：00 的位置，如图 10-63 所示。

图 10-58

图 10-59

图 10-60

图 10-61

图 10-62

图 10-63

步骤⑧ 按 T 键，展开"透明度"属性，设置"透明度"选项的数值为 100，单击"透明度"选项左侧的"关键帧自动记录器"按钮 ，如图 10-64 所示，记录第 1 个关键帧。将时间标签放置在 0:00:04:00 的位置，设置"透明度"选项的数值为 0，如图 10-65 所示，记录第 2 个关键帧。

图 10-64

图 10-65

步骤 ⑨ 选择"图层 > 新建 > 摄像机"命令，弹出"摄像机设置"对话框，选项设置如图 10-66 所示，单击"确定"按钮，在"时间线"面板中新增一个摄像机层，如图 10-67 所示。

图 10-66　　　　　　　　　　　　图 10-67

步骤 ⑩ 选中"摄像机 1"层，按 P 键，展开摄像机层的"位置"属性，将时间标签放置在 0：00：00：00 的位置，设置"位置"选项的数值为 600.0、−150.0、−600.0，单击"位置"选项左侧的"关键帧自动记录器"按钮，如图 10-68 所示，记录第 1 个关键帧。将时间标签放置在 0：00：04：00 的位置，设置"位置"选项的数值为 360.0、288.0、−600.0，如图 10-69 所示，记录第 2 个关键帧。

图 10-68　　　　　　　　　　　　图 10-69

步骤 ⑪ 选择"图层 > 新建 > 调节层"命令，在"时间线"面板中新增一个调节层，选中"调节层 1"层，将其放置在"文字"层下方，如图 10-70 所示。选择"效果 > 风格化 > 辉光"命令，在"特效控制台"面板中进行参数设置，如图 10-71 所示。"合成"窗口中的效果如图 10-72 所示。

图 10-70　　　　　　　图 10-71　　　　　　　图 10-72

步骤 ⑫ 在"时间线"面板中，设置"调节层 1"的混合模式为"正片叠底"，如图 10-73 所示。三维空间效果制作完成，效果如图 10-74 所示。

图 10-73

图 10-74

10.2 应用灯光和摄像机

After Effects 中三维层虽然具有材质属性，但要得到满意的合成效果，还必须在场景中创建和设置灯光，图层的投影、环境和反射等特性都是在一定的灯光作用下才发挥作用的。

在三维空间的合成中，除了灯光和图层材质赋予的多种多样的效果以外，摄像机的功能也相当重要，因为不同的视角所得到的光影效果也是不同的，而且摄像机在动画的控制方面也具有灵活性和多样性，可以丰富图像合成的视觉效果。

10.2.1 创建和设置摄像机

创建摄像机的方法很简单，选择"图层 > 新建 > 摄像机"命令，或按 Ctrl+Shift+Alt+C 组合键，在弹出的对话框中进行设置，如图 10-75 所示，单击"确定"按钮完成创建。

图 10-75

名称：设定摄像机名称。

预置：摄像机预置，此下拉菜单中包含 9 种常用的摄像机镜头，有标准的"35mm"镜头、"15mm"

广角镜头、"200mm"长焦镜头以及自定义镜头等。

单位：确定在"摄像机设置"对话框中所使用的参数单位，包括像素、英寸和毫米 3 个选项。

测量胶片大小：可以改变"胶片尺寸"的基准方向，包括水平、垂直和对角 3 个选项。

变焦：设置摄像机到图像的距离。"变焦"值越大，通过摄像机显示的图层大小就会越大，视野也就越小。

视角：视角设置。角度越大，视野越宽，相当于广角镜头；角度越小，视野越窄，相当于长焦镜头。调整此参数时，"焦长""胶片尺寸""变焦" 3 个参数值会受其影响而改变。

焦长：焦距设置，指的是胶片和镜头之间的距离。焦距短，就是广角效果；焦距长，就是长焦效果。

启用景深：是否打开景深功能。配合"焦距""孔径""光圈值"和"模糊层次"参数使用。

焦距：焦点距离，确定从摄像机镜头到图像最清晰位置的距离。

孔径：设置光圈大小。在 After Effects 里，光圈大小与曝光没有关系，仅影响景深的大小。设置值越大，前后的图像清晰的范围就会越小。

光圈值：快门速度，此参数与"孔径"是互相影响的，同样影响景深。

模糊层次：控制景深模糊程度。数值越大越模糊，当参数值为 0% 时，则不进行模糊处理。

10.2.2　课堂案例——星光碎片

案例学习目标

学习使用摄像机制作星光碎片。

案例知识要点

使用"渐变"命令制作背景渐变和彩色渐变效果，使用"分形噪波"命令制作发光特效，使用"闪光灯"命令制作闪光灯效果，使用"矩形遮罩"工具绘制形状遮罩效果，使用"碎片"命令制作碎片效果，使用"摄像机"命令添加摄像机层并制作关键帧动画，利用"位置"属性改变摄像机层的位置动画，使用"启用时间重置"命令改变时间。星光碎片效果如图 10-76 所示。

图 10-76

扫码查看
扩展案例

微课：星光碎片

🎯 效果所在位置

云盘\Ch10\星光碎片\星光碎片.aep。

1. 制作渐变效果

步骤❶ 按 Ctrl+N 组合键，弹出"图像合成设置"对话框，在"合成组名称"文本框中输入"渐变"，其他选项的设置如图 10-77 所示，单击"确定"按钮，创建一个新的合成"渐变"。

步骤❷ 选择"图层 > 新建 > 固态层"命令，弹出"固态层设置"对话框，在"名称"文本框中输入"渐变"，将"颜色"设置为黑色，如图 10-78 所示，单击"确定"按钮，在"时间线"面板中新增一个黑色固态层，如图 10-79 所示。

图 10-77　　　　　　　　　　　图 10-78　　　　　　　　　　图 10-79

步骤❸ 选中"渐变"层，选择"效果 > 生成 > 渐变"命令，在"特效控制台"面板中，设置"开始色"为黑色，"结束色"为白色，其他参数设置如图 10-80 所示。设置完成后，"合成"窗口中的效果如图 10-81 所示。

图 10-80　　　　　　　　　　　　　　图 10-81

2. 制作发光效果

步骤❶ 再次创建一个新的合成并命名为"星光"。在当前合成中新建一个固态层"噪波"。选中"噪波"层，选择"效果 > 杂色与颗粒 > 分形噪波"命令，在"特效控制台"面板中进行参数设置，如图 10-82 所示。"合成"窗口中的效果如图 10-83 所示。

图 10-82　　　　　　　　　　　　　　　　图 10-83

步骤② 将时间标签放置在 0:00:00:00 的位置，在"特效控制台"面板中，分别单击"变换"下的"乱流偏移"选项和"演变"选项左侧的"关键帧自动记录器"按钮 ○，如图 10-84 所示，记录第 1 个关键帧。

步骤③ 将时间标签放置在 0:00:04:24 的位置，在"特效控制台"面板中，设置"乱流偏移"选项的数值为-3200、240，"演变"选项的数值为 1、0，如图 10-85 所示，记录第 2 个关键帧。

图 10-84　　　　　　　　　　　　　　　　图 10-85

步骤④ 选择"效果 > 风格化 > 闪光灯"命令，在"特效控制台"面板中进行参数设置，如图 10-86 所示。"合成"窗口中的效果如图 10-87 所示。

图 10-86　　　　　　　　　　　　　　　　图 10-87

步骤⑤ 在"项目"面板中，选中"渐变"合成并将其拖曳到"时间线"面板中。将"噪波"层的"轨道蒙版"（软件中为"轨道蒙板"）选项设置为"亮度蒙版'渐变'"（软件中为"亮度蒙板'渐变'"），如图 10-88 所示。隐藏"渐变"层，"合成"窗口中的效果如图 10-89 所示。

图 10-88　　　　　　　　　　　　　　　　　　图 10-89

3. 制作彩色发光效果

步骤❶ 在当前合成中建立一个新的固态层"彩色光芒"。选择"效果 > 生成 > 渐变"命令，在"特效控制台"面板中，设置"开始色"为黑色，"结束色"为白色，其他参数设置如图 10-90 所示，设置完成后，"合成"窗口中的效果如图 10-91 所示。

图 10-90　　　　　　　　　　　　　　　　图 10-91

步骤❷ 选择"效果 > 色彩校正 > 彩色光"命令，在"特效控制台"面板中进行参数设置，如图 10-92 所示。"合成"窗口中的效果如图 10-93 所示。

步骤❸ 在"时间线"面板中，设置"彩色光芒"层的混合模式为"颜色"，如图 10-94 所示。"合成"窗口中的效果如图 10-95 所示。在当前合成中建立一个新的固态层"遮罩"。选择"矩形遮罩"工具▣，在"合成"窗口中拖曳鼠标绘制一个矩形遮罩图形，如图 10-96 所示。

步骤❹ 选中"遮罩"层，按 F 键，展开"遮罩羽化"属性，如图 10-97 所示，设置"遮罩羽化"选项的数值为 200.0，如图 10-98 所示。

步骤❺ 选中"彩色光芒"层，将"彩色光芒"层的"轨道蒙版（软件中为"轨道蒙板"）"设置为"Alpha 蒙版'遮罩'（软件中为"Alpha 蒙板'遮罩'"）"，如图 10-99 所示。隐藏"遮罩"层，"合成"窗口中的效果如图 10-100 所示。

图 10-92

图 10-93

图 10-94

图 10-95

图 10-96

图 10-97

图 10-98

图 10-99

图 10-100

4. 编辑图片光芒效果

步骤① 按 Ctrl+N 组合键，弹出"图像合成设置"对话框，在"合成组名称"文本框中输入"碎片"，其他选项的设置如图 10-101 所示，单击"确定"按钮，创建一个新的合成"碎片"。

步骤② 选择"文件 > 导入 > 文件"命令，在弹出的"导入文件"对话框中，选择云盘中的"Ch10\ 星光碎片\ (Footage)\ 01.jpg"文件，单击"打开"按钮，导入图片。在"项目"面板中，选中"渐变"合成和"01.jpg"文件，将它们拖曳到"时间线"面板中。单击"渐变"层左侧的"眼睛"按钮 👁，关闭该层的可视性，如图 10-102 所示。

步骤③ 选择"图层 > 新建 > 摄像机"命令，弹出"摄像机设置"对话框，在"名称"文本框中输入"摄像机 1"，其他选项的设置如图 10-103 所示，单击"确定"按钮，在"时间线"面板中新增一个摄像机层，如图 10-104 所示。

图 10-101

图 10-102

图 10-103

图 10-104

步骤④ 选中"01.jpg"层，选择"效果 > 模拟仿真 > 碎片"命令，在"特效控制台"面板中，将"查看"改为"渲染"模式，展开"外形"属性，在"特效控制台"面板中进行参数设置，如图 10-105 所示。展开"焦点 1"和"焦点 2"属性，在"特效控制台"面板中进行参数设置，如图 10-106 所示。展开"倾斜"和"物理"属性，在"特效控制台"面板中进行参数设置，如图 10-107 所示。

图 10-105

图 10-106

图 10-107

步骤⑤ 将时间标签放置在 0:00:02:00 的位置，在"特效控制台"面板中，单击"倾斜"属性下的"碎片界限值"选项左侧的"关键帧自动记录器"按钮👁，如图 10-108 所示，记录第 1 个关键帧。将时间标签放置在 0:00:03:18 的位置，在"特效控制台"面板中，设置"碎片界限值"选项的数值为 100%，如图 10-109 所示，记录第 2 个关键帧。

图 10-108

图 10-109

步骤⑥ 在当前合成中建立一个新的红色固态层"参考层"，如图 10-110 所示。单击"参考层"右侧的"3D 图层"按钮📦，打开三维属性，单击"参考层"左侧的"眼睛"按钮👁，关闭该层的可视性。设置"摄像机 1"的"父级"关系为"1.参考层"，如图 10-111 所示。

图 10-110

图 10-111

步骤⑦ 选中"参考层"层，按 R 键，展开"旋转"属性，设置"方向"选项的数值为 90.0、0.0、0.0，如图 10-112 所示。将时间标签放置在 0:00:01:06 的位置，单击"Y 轴旋转"选项左侧的"关键帧自动记录器"按钮👁，如图 10-113 所示，记录第 1 个关键帧。

图 10-112

图 10-113

步骤 ⑧ 将时间标签放置在 0:00:04:24 的位置，设置"Y 轴旋转"选项的数值为"0x+120.0°"，如图 10-114 所示，记录第 2 个关键帧。选中"摄像机 1"层，按 P 键，展开"位置"属性，将时间标签放置在 0:00:00:00 的位置，设置"位置"选项的数值为 320.0、-900.0、-50.0，单击"位置"选项左侧的"关键帧自动记录器"按钮，如图 10-115 所示，记录第 1 个关键帧。

步骤 ⑨ 将时间标签放置在 0:00:01:10 的位置，设置"位置"选项的数值为 320.0、-700.0、-250.0，如图 10-116 所示，记录第 2 个关键帧。将时间标签放置在 0:00:04:24 的位置，设置"位置"选项的数值为 320.0、-560.0、-1000.0，如图 10-117 所示，记录第 3 个关键帧。

图 10-114

图 10-115

图 10-116

图 10-117

步骤 ⑩ 在"项目"面板中，选中"星光"合成，将其拖曳到"时间线"面板中，并放置在"摄像机 1"层的下方，如图 10-118 所示。单击该层右侧的"3D 图层"按钮，打开三维属性，设置该层的混合模式为"添加"，如图 10-119 所示。

图 10-118

图 10-119

步骤 ⑪ 选中"星光"层，按 P 键，展开"位置"属性，将时间标签放置在 0:00:01:22 的位置，设置"位置"选项的数值为 720.0、288.0、0.0，单击"位置"选项左侧的"关键帧自动记录器"按钮 ⓞ，如图 10-120 所示，记录第 1 个关键帧。将时间标签放置在 0:00:03:24 的位置，设置"位置"选项的数值为 0.0、288.0、0.0，如图 10-121 所示。

图 10-120

图 10-121

步骤 ⑫ 将时间标签放置在 0:00:01:11 的位置，按 T 键，展开"透明度"属性，设置"透明度"选项的数值为 0%，单击"透明度"选项左侧的"关键帧自动记录器"按钮 ⓞ，如图 10-122 所示，记录第 1 个关键帧。将时间标签放置在 0:00:01:22 的位置，设置"透明度"选项的数值为 100%，如图 10-123 所示，记录第 2 个关键帧。

图 10-122

图 10-123

步骤 ⑬ 将时间标签放置在 0:00:03:24 的位置，单击"在当前时间添加或移除关键帧"按钮 ◇，如图 10-124 所示，记录第 3 个关键帧。将时间标签放置在 0:00:04:11 的位置，设置"透明度"选项的数值为 0%，如图 10-125 所示，记录第 4 个关键帧。

图 10-124

图 10-125

步骤 ⑭ 选择"图层 > 新建 > 固态层"命令，弹出"固态层设置"对话框，在"名称"文本框中输入"底板"，将"颜色"设置为灰色（其 R、G、B 的值均为 175），单击"确定"按钮，在当前合成中建立一个新的灰色固态层，将其拖曳到最底层，如图 10-126 所示。

步骤 ⑮ 单击"底板"层右侧的"3D 图层"按钮 ⬛，打开三维属性，按 P 键，展开"位置"属性，将时间标签放置在 0：00：03：24 的位置，设置"位置"选项的数值为 360.0、288.0、0.0，单击"位置"选项左侧的"关键帧自动记录器"按钮，如图 10-127 所示，记录第 1 个关键帧。

图 10-126   图 10-127

步骤⑯ 将时间标签放置在 0：00：04：24 的位置，设置"位置"选项的数值为-550.0、288.0、0.0，如图 10-128 所示，记录第 2 个关键帧。

步骤⑰ 将时间标签放置在 0：00：03：24 的位置，选中"底板"层，按 T 键，展开"透明度"属性，设置"透明度"选项的数值为 50%，单击"透明度"左侧的"关键帧自动记录器"按钮，如图 10-129 所示，记录第 1 个关键帧。

图 10-128   图 10-129

步骤⑱ 将时间标签放置在 0：00：04：24 的位置，设置"透明度"选项的数值为 0%，记录第 2 个关键帧，如图 10-130 所示。

图 10-130

5．制作最终效果

步骤❶ 按 Ctrl+N 组合键，弹出"图像合成设置"对话框，在"合成组名称"文本框中输入"最终效果"，其他选项的设置如图 10-131 所示，单击"确定"按钮。在"项目"面板中选中"碎片"合成，将其拖曳到"时间线"面板中，如图 10-132 所示。

步骤❷ 选中"碎片"层，选择"图层 > 时间 > 启用时间重置"命令，将时间标签放置在 0：00：00：00 的位置，在"时间线"面板中，设置"时间重置"选项的数值为 0：00：04：24，如图 10-133 所示，记录第 1 个关键帧。将时间标签放置在 0:00:04:24 的位置，在"时间线"面板中，设置"时间重置"选项的数值为 0:00:00:00，如图 10-134 所示，记录第 2 个关键帧。

图 10-131

图 10-132

图 10-133

图 10-134

步骤 ③ 选择"效果 > Trapcode > Starglow"命令，在"特效控制台"面板中进行参数设置，如图 10-135 所示。

步骤 ④ 将时间标签放置在 0:00:00:00 的位置，单击"Threshold"左侧的"关键帧自动记录器"按钮 ，如图 10-136 所示，记录第 1 个关键帧。将时间标签放置在 0:00:04:24 的位置，在"特效控制台"面板中，设置"Threshold"选项的数值为 480.0，如图 10-137 所示，记录第 2 个关键帧。

图 10-135

图 10-136

图 10-137

步骤⑤ 星光碎片制作完成，效果如图 10-138 所示。

图 10-138

课堂练习——旋转文字

🔗 练习知识要点

　　使用"蜂巢图案"命令、"亮度与对比度"命令、"快速模糊"命令和"辉光"命令制作背景效果，使用"摄像机"命令制作空间效果。旋转文字效果如图 10-139 所示。

图 10-139

微课：旋转
文字

◉ 效果所在位置

　　云盘\Ch10\旋转文字\旋转文字.aep。

课后习题——冲击波

🔗 习题知识要点

　　使用"椭圆遮罩"工具绘制椭圆形，使用"粗糙边缘"命令制作形状粗糙效果化并添加关键帧，使用"Shine"命令制作形状发光效果，利用"3D"属性调整形状空间效果；利用"缩放"选项与"透明度"选项编辑形状的大小与不透明度。冲击波效果如图 10-140 所示。

图 10-140

微课：冲击波

 效果所在位置

云盘\Ch10\冲击波\冲击波.aep。

第 11 章
渲染与输出

对于制作完成的影片，渲染输出的好坏能直接控制影片的质量，使影片在不同的媒介设备上都能得到很好的播出效果，更方便用户的作品在各种媒介上的传播。本章主要讲解了 After Effects 中的渲染与输出功能。读者通过本对章的学习，可以掌握渲染与输出的方法和技巧。

课堂学习目标

✔ 掌握渲染的设置
✔ 了解输出的方法和形式

11.1 渲染

渲染在影片制作整个过程中是最后的一步，也是关键的一步。即使前面的制作再精妙，不成功的渲染也会直接导致操作失败，渲染方式影响影片最终呈现出的效果。

After Effects 可以将合成项目渲染输出成视频文件、音频文件或者序列图片等。输出的方式包括两种：一种是选择"文件 > 导出"命令直接输出单个合成项目；另一种是选择"图像合成 > 添加到渲染队列"命令，将一个或多个合成项目添加到"渲染队列"中，逐一输出，如图 11-1 所示。

图 11-1

通过"文件 > 导出"命令输出时，可选格式和解码方式较少，而通过"渲染队列"进行输出，则可以进行非常专业的控制，并有着广泛的格式和解码方式支持。因此，在这里主要探讨如何使用"渲染队列"面板进行输出。掌握了它，对于"文件 > 导出"方式输出影片就触类旁通了。

11.1.1 渲染队列面板

在"渲染队列"面板可以控制整个渲染进程，整理各个合成项目的渲染顺序，设置每个合成项目的渲染质量、输出格式和路径等。当新添加项目到"渲染队列"时，"渲染队列"面板将自动打开，如果不小心关闭了，可以通过菜单"窗口 > 渲染队列"命令再次打开此面板。

单击"当前渲染"左侧的三角按钮▶，显示的信息如图 11-2 所示，主要包括当前正在渲染的合成项目的进度、正在执行的操作、输出的路径、当前文件大小、最终估计文件大小、空闲磁盘空间等。

图 11-2

渲染队列区如图 11-3 所示。

需要渲染的合成项目都将逐一排列在渲染队列里，在此可以设置项目的"渲染设置"、"输出组件"（输出模式、格式和解码方式等）、"输出到"（文件名和路径）等。

渲染：设置是否进行渲染操作，只有勾选上的合成项目会被渲染。

图 11-3

✏️：选择标签颜色，用于区分不同类型的合成项目，方便用户识别。

#：队列序号，决定渲染的顺序，可以在合成项目上按下鼠标左键并上下拖曳到目标位置，改变渲染顺序。

合成名称：合成项目的名称。

状态：当前状态。

开始：渲染开始的时间。

渲染时间：渲染所花费的时间。

单击左侧的按钮▶展开具体设置信息，如图 11-4 所示。单击下拉列表右侧的按钮▼可以选择已有的预置设置；单击当前设置标题，可以打开具体选项的设置对话框。

图 11-4

11.1.2 渲染设置选项

渲染设置的方法为：单击"渲染设置"右侧的按钮▼，选择"Best Settings"预置，单击右侧的设置标题，弹出"渲染设置"对话框，如图 11-5 所示。

1. 合成组设置

"合成组"项目质量设置区如图 11-6 所示。

品质：层质量设置，其中，"当前设置"是指采用各层当前设置，即根据"时间线"面板中各层属性开关面板上的图层画质设置而定；"最佳"是指全部采用最好的质量，忽略各层的质量设置；"草稿"是指全部采用粗略质量，忽略各层的质量设置；"线框图"是指全部采用线框模式，忽略各层的质量设置。

图 11-5

图 11-6

分辨率：像素采样质量，其中包括全分辨率、1/2 质量、1/3 质量和 1/4 质量。另外，用户还可以通过选择"自定义"质量命令，在弹出的"自定义分辨率"对话框中自定义分辨率。

磁盘缓存：决定是否采用"编辑 > 首选项 > 内存与多处理器控制"命令中的内存缓存设置，如图 11-7 所示。如果选择"只读"则代表不采用当前"首选项"里的设置，而且在渲染过程中，不会有任何新的帧被写入内存缓存中。

图 11-7

代理使用：指定是否使用代理素材。其中，"当前设置"是指采用当前"项目"面板中各素材当前的设置，"使用全部代理"是指全部使用代理素材进行渲染，"仅使用合成的代理"是指只对合成项目使用代理素材，"不使用代理"是指全部不使用代理素材。

效果：指定是否采用特效滤镜。其中，"当前设置"是指采用当前时间轴中各个特效当前的设置；"全开"是指启用所有的特效滤镜，即使某些滤镜 fx 处于暂时关闭状态；"全关"是指关闭所有特效滤镜。

独奏开关：指定是否只渲染"时间线"中"独奏"开关●开启的层。如果设置为"全关"则代表不考虑独奏开关。

参考层：指定是否只渲染参考层。

颜色深度：选择色深，标准版的 After Effects 设有"16 位/通道"和"32 位/通道"2 个选项。

2. 时间取样设置

"时间取样"设置区如图 11-8 所示。

图 11-8

帧混合：指定是否采用"帧混合"模式。其中，"当前设置"是指根据当前"时间线"面板中的"帧混合开关" 的状态和各个层"帧混合模式" 的状态，来决定是否使用帧混合功能；"对选层打开"是指忽略"帧混合开关" 的状态，对所有设置了"帧混合模式" 的图层应用帧混合功能；"图层全关"代表不启用"帧混合"功能。

场渲染：指定是否采用场渲染方式。其中，"关"表示渲染成不含场的视频影片，"上场优先"表示渲染成上场优先的含场的视频影片，"下场优先"表示渲染成下场优先的含场的视频影片。

3：2 下变换：指定 3：2 下拉的引导相位法。

动态模糊：指定是否采用运动模糊。其中，"当前设置"是指根据当前时间线面板中"动态模糊开关" 的状态和各个层"动态模糊" 的状态，来决定是否使用动态模糊功能；"对选中层打开"是指忽略"动态模糊开关" ，对所有设置了"动态模糊" 的图层应用运动模糊效果；"图层全关"表示不启用动态模糊功能。

时间范围：定义当前合成项目渲染的时间范围。其中，"合成长度"表示渲染整个合成项目，也就是合成项目设置了多长的持续时间，输出的影片就有多长时间；"仅工作区域"表示根据时间线中设置的工作环境范围来设定渲染的时间范围（按 B 键，工作范围开始；按 N 键，工作范围结束）；"自定义"表示自定义渲染的时间范围。

使用合成帧速率：使用合成项目中设置的帧速率。

使用这个帧速率：使用此处设置的帧速率。

3. 选项设置

"选项"设置区如图 11-9 所示。

图 11-9

跳过现有文件：选中此选项将自动忽略已存在的序列图片，也就是忽略已经渲染过的序列帧图片。此功能主要用在网络渲染时。

11.1.3 输出组件设置

渲染设置第一步"渲染设置"完成后，就开始进行"输出组件设置"，设定输出的格式和解码方式等。通过单击"输出组件"右侧的按钮 ▼，可以选择系统预置的一些格式和解码方式，单击右侧的设置标题，弹出"输出组件设置"对话框，如图 11-10 所示。

1. 基础设置

基础设置区如图 11-11 所示。

图 11-10

图 11-11

格式：设置输出的文件格式。例如，"QuickTime Movie"代表苹果公司 QuickTime 视频格式，"MPEG2-DVD"代表 DVD 视频格式，"JPEG 序列"代表 JPEG 格式序列图，"WAV"代表音频等，非常丰富。

渲染后操作：指定 After Effects 软件是否使用刚渲染的文件作为素材或者代理素材。其中，"导入"是指渲染完成后自动作为素材置入当前项目中；"导入并替换"是指渲染完成后自动置入项目中替代合成项目，包括这个合成项目被嵌入到其他合成项目中的情况；"设置代理"是指渲染完成后作为代理素材置入项目中。

2. 视频设置

视频设置区如图 11-12 所示。

视频输出：指定是否应用该选项组中设置的输出视频信息。

通道：选择输出的通道。包括"RGB"（3 个色彩通道）、"Alpha"（仅 Alpha 通道）和"RGB+ Alpha"（三色通道和 Alpha 通道）。

图 11-12

深度：选择色深。

颜色：指定输出的视频包含的 Alpha 通道为哪种模式，可选择"直通（无蒙板）"模式或"预乘（蒙板）"模式。

开始#：当输出的格式是序列图时，在这里可以指定序列图的文件名序列数。为了将来识别方便，可以勾选"使用合成帧数"选项，令输出的序列图片数字就是其帧数字。

格式选项：选择视频的编码方式。虽然在基础设置中已确定输出的格式，但是每种文件格式又有多种编码方式，不同的编码方式会生成不同质量的影片，最后产生的文件量也会有所区别。

调整大小：指定是否对画面进行缩放处理。

缩放为：设置缩放的具体高宽尺寸，也可以从右侧的下拉列表中选择。

缩放品质：选择缩放质量。

纵横比以 5∶4 锁定：指定是否强制高宽比为特殊比例。

裁剪：指定是否裁切画面。

使用目标兴趣区域：仅采用"合成"预览窗口中的"目标兴趣范围"工具 ▣ 确定的画面区域。

上、左、下、右：分别设置上、左、下、右 4 个方位上被裁切掉的像素尺寸。

3. 音频设置

音频设置区如图 11-13 所示。

图 11-13

音频输出：指定是否输出音频信息。

格式选项：设置音频的编码方式，也就是用什么压缩方式压缩音频信息。

音频质量设置：包括频率、位深度、立体声或单声道设置。

11.1.4　渲染和输出的预置

虽然 After Effects 已经提供了众多的"渲染设置"和"输出"模板，但可能还是不能满足所有用户的需求。用户可以将常用的设置存储为自定义的预置，以后进行输出操作时，不需要一遍遍地反复设置，只需要单击各选项右侧的按钮 ▼，在弹出的列表中选择即可。

使用"渲染设置模板"和"输出组件模板"的命令分别是"编辑 > 模板 > 渲染设置"和"编辑 > 模板 > 输出组件"，如图 11-14 和图 11-15 所示。

图 11-14　　　　　　　　　　　　　　　　　图 11-15

11.1.5 编码和解码问题

完全不压缩的视频和音频数据量是非常庞大的，因此在输出时需要通过特定的压缩技术对数据进行压缩处理，以减小最终的文件量，便于传输和存储。这样就产生了输出时选择恰当的编码器，播放时使用同样的解码器解压还原画面的过程。

目前视频流传输中最为重要的编码标准有国际电信联盟的 H.261、H.263，运动静止图像专家组的 M-JPEG 和国际标准化组织运动图像专家组的 MPEG 系列标准，此外互联网上被广泛应用的还有 Real Networks 公司的 RealVideo、微软公司的 WMT 以及苹果公司的 QuickTime 等。

就文件的格式来讲，对于微软视窗系统中的通用视频格式.avi，现在流行的编码和解码方式有 Xvid、MPEG-4、DivX、Microsoft DV 等；对于苹果公司的 QuickTime 视频格式.mov，比较流行的编码和解码方式有 MPEG-4、H.263、Sorenson Video 等。

在输出时，宜选择普遍的编码器和文件格式，或者是目标客户平台共有的编码器和文件格式，否则，在其他播放环境中播放时，会因为缺少解码器或相应的播放器而使观看者无法看见视频或者听到声音。

11.2 输出

在 After Effects 中，可以将设计制作好的视频效果进行多种方式的输出，如输出标准视频、输出合成项目中的某一帧、输出序列图片、输出 Flash 格式文件、输出胶片文件、跨卷渲染等。下面具体介绍视频的输出方法和形式。

11.2.1 输出标准视频

在 After Effects 中输出标准视频的步骤如下。

步骤 ① 在"项目"面板中，选择需要输出的合成项目。

步骤 ② 选择"图像合成 > 添加到渲染队列"命令，或按 Ctrl+M 组合键，将合成项目添加到渲染队列中。

步骤 ③ 在"渲染队列"面板中进行渲染属性、输出格式和输出路径的设置。

步骤 ④ 单击"渲染"按钮开始渲染运算，如图 11-16 所示。

图 11-16

步骤 ⑤ 如果需要将此合成项目渲染成多种格式或者多种解码方式，可以在第 3 步之后，选择"图像合成 > 添加输出组件"命令，添加输出格式并指定另一个输出文件的路径、名称，从而方便地做到"一次创建，任意发布"。

11.2.2 输出合成项目中的某一帧

在 After Effects 中输出合成项目中的某一帧的步骤如下。

步骤 ❶ 在"时间线"面板中，移动当前时间指针到目标帧。

步骤 ❷ 选择"图像合成 > 另存单帧为 > 文件"命令，或按 Ctrl+Alt+S 组合键，添加渲染任务到"渲染队列"中。

步骤 ❸ 单击"渲染"按钮开始渲染运算。

另外，如果选择"图像合成 > 另存单帧为 > Photoshop 图层"命令，则直接打开文件存储对话框，设置好路径和文件名即可完成单帧画面的输出。

11.2.3 输出序列图片

After Effects 支持多种格式的序列图片输出，其中包括：AIFF、AVI、DPX/Cineon 序列、F4V、FLV、H.264、H.264Blu-ray、TFF 序列、Photoshop 序列、Targa 序列等。输出的序列图片可以通过胶片记录器转换为电影。输出序列图片的步骤如下。

步骤 ❶ 在"项目"面板中，选择需要输出的合成项目。

步骤 ❷ 选择"图像合成 > 制作影片"命令，将合成项目添加到渲染队列中。

步骤 ❸ 单击"输出组件"右侧的输出设置标题，打开"输出组件设置"对话框。

步骤 ❹ 在"格式"下拉列表中选择序列图格式，并进行其他选项的设置，如图 11-17 所示。单击"确定"按钮，完成序列图的输出设置。

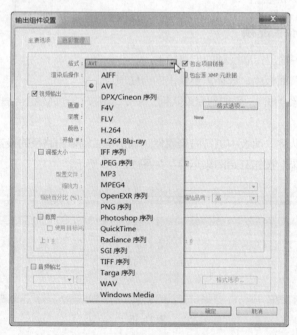

图 11-17

步骤 ❺ 单击"渲染"按钮开始渲染运算。

11.2.4　输出 Flash 格式文件

After Effects 还可以将视频输出成 Flash SWF 格式文件或者 Flash FLV 视频格式文件，步骤如下。

步骤① 在"项目"面板中，选择需要输出的合成项目。

步骤② 选择"文件 > 导出 > Adobe Flash Player（SWF）"命令，在弹出的文件保存对话框中选择 SWF 文件存储的路径和名称，单击"保存"按钮，打开"SWF 设置"对话框，如图 11–18 所示。

图 11–18

JPEG 品质：分为低、中、高、最高 4 种品质。

不支持的功能：对 SWF 格式文件不支持的效果进行设置。其中，"忽略"是指忽略所有不兼容的效果；"栅格化"是指将不兼容的效果位图化，保留特效，但是可能会增大文件量。

音频：SWF 文件音频质量设置。

循环播放：指定是否让 SWF 文件循环播放。

防止编辑：是否禁止再次置入，对文件进行保护加密，不允许再置入 Flash 之中。

包含对象名称：保留对象名称。

包含图层标记的 Web 链接信息：保留在层标记中设置的网页链接信息。

合并 Illustrator 原图：如果合成项目中含有 Illustrator 素材，建议勾选此项。

步骤③ 完成渲染后，产生扩展名为".html"和".swf"的两个文件。

如果是要输出成 Flash FLV 视频格式文件，在第 2 步时，选择"文件 >导出 > Flash Interchange(.amx)"命令，弹出"Adobe Flash Professional(XFL)设置"对话框，如图 11–19 所示，单

图 11–19

击"格式选项"对话框，弹出"FLV 选择"对话框，如图 11-20 所示。

图 11-20

设置完成后，单击"确定"按钮，在弹出的存储对话框中指定路径和名称，单击"保存"按钮输出影片。

12

第 12 章
制作广告宣传片

广告宣传片是信息高度集中、高度浓缩的节目。它不仅仅局限于电视媒体，随着科技的发展，网络、楼宇 LED 屏、公司展厅等都成为广告宣传片播放的最佳场所。使用 After Effects 制作的广告宣传片灵动丰富，已成为最普遍的应用方式。本章以多个行业的广告宣传片为例，讲解广告宣传片的制作方法和技巧。

课堂学习目标

- ✔ 了解广告宣传片的主要元素
- ✔ 掌握广告宣传片的制作方法
- ✔ 掌握广告宣传片的表现技巧

12.1　制作化妆品广告

12.1.1　案例分析

使用"CC 吹泡泡"命令制作气泡动画效果，利用"透明度"属性制作人物闪白效果，利用"缩放"属性制作化妆品动画效果。

12.1.2　案例设计

本案例播放流程如图 12-1 所示。

图 12-1

12.1.3　案例制作

步骤 ① 按 Ctrl+N 组合键，弹出"图像合成设置"对话框，在"合成组名称"文本框中输入"最终效果"，其他选项的设置如图 12-2 所示，单击"确定"按钮，创建一个新的合成"最终效果"。选择"文件 > 导入 > 文件"命令，弹出"导入文件"对话框，选择云盘中的"Ch12 \制作化妆品广告\ (Footage) \01.png ~ 04.png"文件，单击"打开"按钮，导入文件到"项目"面板，如图 12-3 所示。

微课：制作
化妆品广告

步骤 ② 在"项目"面板中选中"01.png"文件并将其拖曳到"时间线"面板中，按 Ctrl+D 组合键复制图层，"时间线"面板如图 12-4 所示。

图 12-2

图 12-3

图 12-4

步骤③ 选中"图层 2",选择"效果 > 模拟仿真 > CC 吹泡泡"命令,在"特效控制台"面板中进行设置,如图 12-5 所示。"合成"窗口中的效果如图 12-6 所示。

图 12-5

图 12-6

步骤④ 在"项目"面板中选中"02.png""03.png"和"04.png"文件并将它们拖曳到"时间线"面板中,层的排列顺序如图 12-7 所示。"合成"窗口中的效果如图 12-8 所示。

图 12-7

图 12-8

步骤⑤ 选中"02.png"层,按 P 键,展开"位置"属性,设置"位置"选项的数值为 141、340.7,如图 12-9 所示。"合成"窗口中的效果如图 12-10 所示。

图 12-9

图 12-10

步骤⑥ 将时间标签放置在 0:00:00:05 的位置,按 Alt+ [组合键,设置动画的入点,如图 12-11 所示。

图 12-11

步骤❼ 选中"02.png"层，按 T 键，展开"透明度"属性，设置"透明度"选项的数值为 0%，单击"透明度"选项左侧的"关键帧自动记录器"按钮 ◎，如图 12-12 所示，记录第 1 个关键帧。将时间标签放置在 0:00:00:06 的位置，在"时间线"面板中，设置"透明度"选项的数值为 100%，如图 12-13 所示，记录第 2 个关键帧。

图 12-12

图 12-13

步骤❽ 将时间标签放置在 0:00:00:07 的位置，在"时间线"面板中，设置"透明度"选项的数值为 0%，如图 12-14 所示，记录第 3 个关键帧。将时间标签放置在 0:00:00:08 的位置，在"时间线"面板中，设置"透明度"选项的数值为 100%，如图 12-15 所示，记录第 4 个关键帧。

图 12-14

图 12-15

步骤❾ 将时间标签放置在 0:00:00:09 的位置，在"时间线"面板中，设置"透明度"选项的数值为 0%，如图 12-16 所示，记录第 5 个关键帧。将时间标签放置在 0:00:00:10 的位置，在"时间线"面板中，设置"透明度"选项的数值为 100%，如图 12-17 所示，记录第 6 个关键帧。

图 12-16

图 12-17

步骤 ⑩ 选中 "03.png" 层，按 P 键，展开 "位置" 属性，设置 "位置" 选项的数值为 477.6、432.7，如图 12-18 所示。"合成" 窗口中的效果如图 12-19 所示。

图 12-18　　　　　　　图 12-19

步骤 ⑪ 将时间标签放置在 0:00:00:11 的位置，按 Alt+ [组合键，设置动画的入点，如图 12-20 所示。

图 12-20

步骤 ⑫ 选中 "03.png" 层，按 S 键，展开 "缩放" 属性，设置 "缩放" 选项的数值为 0%，单击 "缩放" 选项左侧的 "关键帧自动记录器" 按钮，如图 12-21 所示，记录第 1 个关键帧。将时间标签放置在 0:00:00:14 的位置，在 "时间线" 面板中，设置 "缩放" 选项的数值为 100%，如图 12-22 所示，记录第 2 个关键帧。

图 12-21　　　　　　　图 12-22

步骤 ⑬ 选中 "04.png" 层，单击右侧的 "3D 图层" 按钮，按 P 键，展开 "位置" 属性，设置 "位置" 选项的数值为 483.0、213.6、0.0，如图 12-23 所示。"合成" 窗口中的效果如图 12-24 所示。

步骤 ⑭ 将时间标签放置在 0:00:00:14 的位置，按 Alt+ [组合键，设置动画的入点，如图 12-25 所示。

步骤 ⑮ 选中 "04.png" 层，展开 "变换" 属性，设置 "缩放" 选项的数值为 0%，"Y 轴旋转" 选项的数值为 2、0，分别单击 "缩放" 选项和 "Y 轴旋转" 选项左侧的 "关键帧自动记录器" 按钮，如图

12-26 所示，记录第 1 个关键帧。将时间标签放置在 0:00:01:00 的位置，在"时间线"面板中，设置"缩放"选项的数值为 100%，"Y 轴旋转"选项的数值为"0x+0°"，如图 12-27 所示，记录第 2 个关键帧。

图 12-23

图 12-24

图 12-25

图 12-26

图 12-27

步骤 ⑯ 化妆品广告效果制作完成，如图 12-28 所示。

图 12-28

12.2　制作汽车广告

12.2.1　案例分析

设置"位置"属性并使用"线性擦除"命令制作背景效果，使用"色相位/饱和度"命令调整汽车色调效果，利用"位置"属性制作汽车运动效果，使用"矩形遮罩"工具和关键帧制作文字底图效果。

12.2.2　案例设计

本案例播放流程如图 12-29 所示。

图 12-29

12.2.3　案例制作

步骤① 按 Ctrl+N 组合键，弹出"图像合成设置"对话框，在"合成组名称"文本框中输入"最终效果"，其他选项的设置如图 12-30 所示，单击"确定"按钮，创建一个新的合成"最终效果"。选择"文件 > 导入 > 文件"命令，弹出"导入文件"对话框，选择云盘中的"Ch12 \制作汽车广告\ (Footage) \01.jpg ~ 07.mov"文件，单击"打开"按钮，导入文件到"项目"面板，如图 12-31 所示。

微课：制作
汽车广告

图 12-30

图 12-31

步骤② 按住 Ctrl 键的同时，在"项目"面板中选中"01.jpg"和"07.mov"文件并将它们拖曳到"时间线"面板中，层的排列顺序如图 12-32 所示。设置"07.mov"层的混合模式为"正片叠底"。"合成"窗口中的效果如图 12-33 所示。

图 12-32

图 12-33

步骤 ❸ 在"项目"面板中选中"02.png"文件并将其拖曳到"时间线"面板中，按 P 键，展开"位置"属性，设置"位置"选项的数值为 345.1、224.5，如图 12-34 所示。"合成"窗口中的效果如图 12-35 所示。

图 12-34

图 12-35

步骤 ❹ 选择"效果 > 过渡 > 线性擦除"命令，在"特效控制台"面板中进行设置，如图 12-36 所示。"合成"窗口中的效果如图 12-37 所示。

图 12-36

图 12-37

步骤 ❺ 将时间标签放置在 0:00:01:05 的位置，在"特效控制台"面板中，单击"完成过渡"选项左侧的"关键帧自动记录器"按钮 ◎，如图 12-38 所示，记录第 1 个关键帧。

步骤 ❻ 将时间标签放置在 0:00:01:13 的位置，在"特效控制台"面板中，设置"完成过渡"选项的数值为 0%，如图 12-39 所示，记录第 2 个关键帧。

图 12-38

图 12-39

步骤 7 将时间标签放置在 0:00:00:00 的位置,在"项目"面板中选中"06.png"文件并将其拖曳到"时间线"面板中。按 P 键,展开"位置"属性,设置"位置"选项的数值为 981.0、427.3,单击"位置"选项左侧的"关键帧自动记录器"按钮 ⊙,如图 12-40 所示,记录第 1 个关键帧。

步骤 8 将时间标签放置在 0:00:00:09 的位置,在"时间线"面板中,设置"位置"选项的数值为 360.0、427.3,如图 12-41 所示,记录第 2 个关键帧。

图 12-40

图 12-41

步骤 9 选中"06.png"层,选择"效果 > 色彩校正 > 色相位/饱和度"命令,在"特效控制台"面板中进行设置,如图 12-42 所示。"合成"窗口中的效果如图 12-43 所示。

图 12-42

图 12-43

步骤 10 在"项目"面板中选中"05.png"文件并将其拖曳到"时间线"面板中,单击右侧的"3D图层"按钮 🔳,展开"变换"属性并进行设置,如图 12-44 所示。分别单击"缩放"选项和"Y 轴旋转"选项左侧的"关键帧自动记录器"按钮 ⊙,如图 12-45 所示,记录第 1 个关键帧。

步骤 11 将时间标签放置在 0:00:00:18 的位置,在"时间线"面板中,设置"缩放"选项的数值为 100%,"Y 轴旋转"选项的数值为"0x+0°",如图 12-46 所示,记录第 2 个关键帧。"合成"窗口中的效果如图 12-47 所示。

图 12-44

图 12-45

图 12-46

图 12-47

步骤 ⑫ 在"项目"面板中选中"03.png"文件并将其拖曳到"时间线"面板中，按 P 键，展开"位置"属性，设置"位置"选项的数值为 355.9、252.8，如图 12-48 所示。"合成"窗口中的效果如图 12-49 所示。

图 12-48

图 12-49

步骤 ⑬ 选择"矩形遮罩"工具，在"合成"窗口中绘制一个矩形遮罩，如图 12-50 所示。按 M 键，展开"遮罩形状"属性，单击"遮罩形状"选项左侧的"关键帧自动记录器"按钮，如图 12-51 所示，记录第 1 个关键帧。

步骤 ⑭ 将时间标签放置在 0:00:01:00 的位置。选择"选择"工具，在"合成"窗口中，同时选中"遮罩形状"右边的两个控制点，将控制点向右上方拖曳到图 12-52 所示的位置，记录第 2 个关键帧。

图 12-50   图 12-51

步骤 ⑮ 在"项目"面板中选中"04.png"文件并将其拖曳到"时间线"面板中，按 P 键，展开"位置"属性，设置"位置"选项的数值为 361.4、252.8，如图 12-53 所示。

图 12-52   图 12-53

步骤 ⑯ 按 T 键，展开"透明度"属性，设置"透明度"选项的数值为 0%，单击"透明度"选项左侧的"关键帧自动记录器"按钮，如图 12-54 所示，记录第 1 个关键帧。将时间标签放置在 0:00:01:08 的位置，在"时间线"面板中，设置"透明度"选项的数值为 100%，如图 12-55 所示，记录第 2 个关键帧。

步骤 ⑰ 汽车广告效果制作完成，如图 12-56 所示。

图 12-54   图 12-55   图 12-56

12.3　制作房地产广告

12.3.1　案例分析

利用"位置"属性和关键帧制作背景动画效果，利用图层入点控制画面的出场时间，使用"曲线"命令调整图像的亮度，使用"遮罩"命令制作文字动画效果。

12.3.2　案例设计

本案例播放流程如图 12-57 所示。

图 12-57

12.3.3　案例制作

步骤❶ 按 Ctrl+N 组合键，弹出"图像合成设置"对话框，在"合成组名称"文本框中输入"最终效果"，其他选项的设置如图 12-58 所示，单击"确定"按钮，创建一个新的合成"最终效果"。选择"文件 > 导入 > 文件"命令，弹出"导入文件"对话框，选择云盘中的"Ch12 \制作房地产广告\ (Footage) \01.jpg ~ 06.png"文件，单击"打开"按钮，导入文件到"项目"面板，如图 12-59 所示。

微课：制作
房地产广告

图 12-58

图 12-59

步骤❷ 在"项目"面板中选中"01.jpg"文件并将其拖曳到"时间线"面板中，按 P 键，展开"位置"属性，设置"位置"选项的数值为 865.7、311.0，如图 12-60 所示。"合成"窗口中的效果如图 12-61 所示。

图 12-60   图 12-61

步骤③ 保持时间标签在 0:00:00:00 的位置，单击"位置"选项左侧的"关键帧自动记录器"按钮 ○，如图 12-62 所示，记录第 1 个关键帧。将时间标签放置在 0:00:04:24 的位置，在"时间线"面板中，设置"位置"选项的数值为-149.9、311.0，如图 12-63 所示，记录第 2 个关键帧。

图 12-62   图 12-63

步骤④ 在"项目"面板中选中"04.png"文件并将其拖曳到"时间线"面板中，按 P 键，展开"位置"属性，设置"位置"选项的数值为 400.6、515.2，如图 12-64 所示。"合成"窗口中的效果如图 12-65 所示。

图 12-64   图 12-65

步骤⑤ 将时间标签放置在 0:00:00:15 的位置，选中"04.png"层，按 Alt+ [组合键，设置动画的入点，如图 12-66 所示。

图 12-66

步骤⑥ 在"项目"面板中选中"02.png"文件并将其拖曳到"时间线"面板中，按 P 键，展开"位置"属性，设置"位置"选项的数值为 326.2、404.3，如图 12-67 所示。"合成"窗口中的效果如图 12-68 所示。

图 12-67   图 12-68

步骤⑦ 将时间标签放置在 0:00:00:05 的位置，选中"02.png"层，按 Alt+ [组合键，设置动画的入点，如图 12-69 所示。

图 12-69

步骤⑧ 选择"效果 > 色彩校正 > 曲线"命令，在"特效控制台"面板中进行设置，如图 12-70 所示。"合成"窗口中的效果如图 12-71 所示。

图 12-70   图 12-71

步骤⑨ 在"项目"面板中选中"03.png"文件并将其拖曳到"时间线"面板中，按 P 键，展开"位置"属性，设置"位置"选项的数值为 169.4、534.1，如图 12-72 所示。"合成"窗口中的效果如图 12-73 所示。

步骤⑩ 将时间标签放置在 0:00:00:10 的位置，选中"03.png"层，按 Alt+ [组合键，设置动画的入点，如图 12-74 所示。

图 12-72

图 12-73

图 12-74

步骤⑪ 在"项目"面板中选中"06.png"文件并将其拖曳到"时间线"面板中，按 P 键，展开"位置"属性，设置"位置"选项的数值为 364.1、97.4，如图 12-75 所示。"合成"窗口中的效果如图 12-76 所示。

图 12-75

图 12-76

步骤⑫ 在"项目"面板中选中"05.png"文件并将其拖曳到"时间线"面板中，按 P 键，展开"位置"属性，设置"位置"选项的数值为 445.2、147.4，如图 12-77 所示。"合成"窗口中的效果如图 12-78 所示。

图 12-77

图 12-78

步骤⑬ 选中"05.png"层，选择"椭圆形遮罩"工具 ◉，在"合成"窗口中绘制一个圆形遮罩，如图 12-79 所示。按两次 M 键，展开"遮罩"属性，保持时间标签在 0:00:00:10 的位置，单击"遮罩扩展"选项左侧的"关键帧自动记录器"按钮 ◎，如图 12-80 所示，记录第 1 个关键帧。

图 12-79

图 12-80

步骤⑭ 将时间标签放置在 0:00:00:16 的位置，在"时间线"面板中，设置"遮罩扩展"选项的数值为 230，如图 12-81 所示，记录第 2 个关键帧。房地产广告效果制作完成，如图 12-82 所示。

图 12-81

图 12-82

课堂练习——制作旅游广告

练习知识要点

使用"照片滤镜"命令调整图像的色调，利用"位置"属性制作椰子树和游泳圈动画，利用"位置"属性和 3D 层制作文字动画效果，使用"渐变擦除"命令制作海鸥动画效果。制作旅游广告效果如图 12-83 所示。

效果所在位置

云盘\Ch12\制作旅游广告\制作旅游广告.aep。

图 12-83

微课：制作
旅游广告

课后习题——制作女装广告

🔗 习题知识要点

使用"导入"命令导入素材文件，使用"横排文字"工具输入文字，利用"缩放"属性、"透明度"属性制作动画效果。制作女装广告效果如图 12-84 所示。

图 12-84

微课：制作
女装广告

◎ 效果所在位置

云盘\Ch12\制作女装广告\制作女装广告.aep。

13

第 13 章
制作电视纪录片

电视纪录片是以真实生活为创作素材，以真人真事为表现对象，通过艺术的加工与展现，表现出最真实的本质，并引发人们思考的电视艺术形式。使用 After Effects 制作的电视纪录片形象生动，情节逼真，已成为最普遍的应用方式。本章以多个主题的电视纪录片为例，讲解电视纪录片的制作方法和技巧。

课堂学习目标

✔ 了解电视纪录片的主要元素
✔ 掌握电视纪录片的表现手段
✔ 掌握电视纪录片的制作技巧

13.1 制作百花盛开纪录片

13.1.1 案例分析

利用"缩放"属性调整视频的大小，利用"位置"属性设置视频的位置，使用"横排文字"工具添加文字，利用"旋转"属性和关键帧制作文字的旋转效果。

13.1.2 案例设计

本案例播放流程如图 13-1 所示。

图 13-1

13.1.3 案例制作

步骤① 按 Ctrl+N 组合键，弹出"图像合成设置"对话框，在"合成组名称"文本框中输入"最终效果"，其他选项的设置如图 13-2 所示，单击"确定"按钮，创建一个新的合成"最终效果"。选择"文件 > 导入 > 文件"命令，弹出"导入文件"对话框，选择云盘中的"Ch13 \制作百花盛开纪录片\ (Footage) \01.mov ~ 05.jpg"文件，单击"打开"按钮，导入文件到"项目"面板，如图 13-3 所示。

微课：制作百花盛开纪录片

图 13-2

图 13-3

步骤② 在"项目"面板中选中"05.jpg"文件并将其拖曳到"时间线"面板中，如图 13-4 所示。"合成"窗口中的效果如图 13-5 所示。

图 13-4

图 13-5

步骤 ❸ 在"项目"面板中选中"01.mov"文件并将其拖曳到"时间线"面板中，按 S 键，展开"缩放"属性，设置"缩放"选项的数值为 60%；按住 Shift 键的同时，按 P 键，展开"位置"属性，设置"位置"选项的数值为 524.7、133.5，如图 13-6 所示。"合成"窗口中的效果如图 13-7 所示。

图 13-6

图 13-7

步骤 ❹ 在"时间线"面板中选中"01.mov"层，选择"椭圆形遮罩"工具 ，在"合成"窗口中拖曳鼠标绘制一个圆形遮罩，如图 13-8 所示。按 F 键，展开"遮罩羽化"选项，设置"遮罩羽化"选项的数值为 45，如图 13-9 所示。"合成"窗口中的效果如图 13-10 所示。

图 13-8

图 13-9

步骤 ❺ 用上述的方法将"02.avi"和"03.avi"文件拖曳到"时间线"面板中，分别设置"缩放"属性和"位置"属性，并添加椭圆形遮罩，制作出图 13-11 所示的效果。

图 13-10

图 13-11

步骤 ⑥ 在"项目"面板中选中"04.png"文件并将其拖曳到"时间线"面板中，按 P 键，展开"位置"属性，设置"位置"选项的数值为 288.5、342.0，如图 13-12 所示。"合成"窗口中的效果如图 13-13 所示。

图 13-12

图 13-13

步骤 ⑦ 将时间标签放置在 0:00:00:00 的位置，按 S 键，展开"缩放"属性，设置"缩放"选项的数值为 0%，单击"缩放"属性名称左侧的"关键帧自动记录器"按钮 ◐，如图 13-14 所示，记录第 1 个关键帧。

步骤 ⑧ 将时间标签放置在 0:00:00:06 的位置，在"时间线"面板中，设置"缩放"选项的数值为 100%，如图 13-15 所示，记录第 2 个关键帧。

图 13-14

图 13-15

步骤 ⑨ 选择"横排文字"工具 T，在"合成"窗口中输入文字"争奇斗艳"。选中文字，在"文字"面板中设置"填充色"为红色（其 R、G、B 选项值为 228、68、101），其他选项的设置如图 13-16 所示。"合成"窗口中的效果如图 13-17 所示。

图 13-16

图 13-17

步骤 ⑩ 将时间标签放在 0:00:00:00 的位置，选中文字层，按 P 键，展开"位置"属性，设置"位置"选项的数值为-33.9、46.8，单击"位置"属性名称左侧的"关键帧自动记录器"按钮 ⓞ，如图 13-18 所示，记录第 1 个关键帧。将时间标签放置在 0:00:00:14 的位置，在"时间线"面板中，设置"位置"选项的数值为 778.2、116.9，如图 13-19 所示，记录第 2 个关键帧。

图 13-18

图 13-19

步骤 ⑪ 将时间标签放置在 0:00:01:00 的位置，在"时间线"面板中，设置"位置"选项的数值为 257.6、276.0，如图 13-20 所示，记录第 3 个关键帧。将时间标签放置在 0:00:01:10 的位置，在"时间线"面板中，设置"位置"选项的数值为 311.6、525.2，如图 13-21 所示，记录第 4 个关键帧。

图 13-20

图 13-21

步骤 ⑫ 将时间标签放置在 0:00:00:14 的位置，按 R 键，展开"旋转"属性，设置"旋转"选项的数值为"0x+0°"，单击"旋转"属性名称左侧的"关键帧自动记录器"按钮 ⓞ，如图 13-22 所示，记录第 1 个关键帧。将时间标签放置在 0:00:01:00 的位置，在"时间线"面板中，设置"旋转"选项的数值为"3x+22.7°"，如图 13-23 所示，记录第 2 个关键帧。

步骤 ⑬ 将时间标签放置在 0:00:01:10 的位置，在"时间线"面板中，设置"旋转"选项的数值为"6x+0°"，如图 13-24 所示，记录第 3 个关键帧。百花盛开纪录片效果制作完成，如图 13-25 所示。

图 13-22

图 13-23

图 13-24

图 13-25

13.2 制作健身运动纪录片

13.2.1 案例分析

使用"矩形遮罩"工具并通过设置图层混合模式制作背景效果，利用"位置"属性和"旋转"属性制作图标旋转效果，使用"横排文字"工具输入文字，利用"缩放"属性制作文字动画效果。

13.2.2 案例设计

本案例播放流程如图 13-26 所示。

图 13-26

13.2.3 案例制作

步骤① 按 Ctrl+N 组合键，弹出"图像合成设置"对话框，在"合成组名称"文本框中输入"最终效果"，其他选项的设置如图 13-27 所示，单击"确定"按钮，创建一个新的合成"最终效果"。选择"文件 > 导入 > 文件"命令，弹出"导入文件"对话框，选择云盘中的"Ch13\制作健身运动纪录片\（Footage）\01.jpg ~ 04.mov"文件，单击"打开"按钮，导入文件到"项目"面板，如图 13-28 所示。

微课：制作健
身运动纪录片

图 13-27

图 13-28

步骤 2 在"项目"面板中选中"01.jpg"文件并将其拖曳到"时间线"面板中，如图 13-29 所示。"合成"窗口中的效果如图 13-30 所示。

图 13-29

图 13-30

步骤 3 在"项目"面板中选中"04.mov"文件并将其拖曳到"时间线"面板中，设置层的混合模式为"添加"，如图 13-31 所示。"合成"窗口中的效果如图 13-32 所示。

图 13-31

图 13-32

步骤④ 在"时间线"面板中选中"04.mov"层，选择"矩形遮罩"工具▣，在"合成"窗口中拖曳鼠标绘制一个矩形遮罩，如图 13-33 所示。

步骤⑤ 在"项目"面板中选中"02.png"文件并将其拖曳到"时间线"面板中，按 P 键，展开"位置"属性，设置"位置"选项的数值为 515.4、191.2，如图 13-34 所示。

图 13-33

图 13-34

步骤⑥ 将时间标签放置在 0:00:00:00 的位置，按 R 键，展开"旋转"属性，设置"旋转"选项的数值为"0x+0°"，单击"旋转"属性名称左侧的"关键帧自动记录器"按钮◎，如图 13-35 所示，记录第 1 个关键帧。将时间标签放置在 0:00:04:24 的位置，在"时间线"面板中，设置"旋转"选项的数值为"3x+0°"，如图 13-36 所示，记录第 2 个关键帧。

图 13-35

图 13-36

步骤⑦ 在"项目"面板中选中"03.mov"文件并将其拖曳到"时间线"面板中，按 S 键，展开"缩放"属性，设置"缩放"选项的数值为 77.9%；按住 Shift 键的同时，按 P 键，展开"位置"属性，设置"位置"选项的数值为 168.0、248.8，如图 13-37 所示。"合成"窗口中的效果如图 13-38 所示。

图 13-37

图 13-38

步骤⑧ 在"时间线"面板中选中"03.mov"层，选择"矩形遮罩"工具▣，在"合成"窗口中拖曳鼠标绘制一个矩形遮罩，如图 13-39 所示。

步骤⑨ 将时间标签放置在 0:00:00:00 的位置，选择"横排文字"工具 T，在"合成"窗口中输入文字"运动无极限"。选中文字，在"文字"面板中设置"填充色"为白色，其他选项的设置如图 13-40 所示。在"段落"面板中，单击"文字右对齐"按钮▤。"合成"窗口中的效果如图 13-41 所示。

图 13-39   图 13-40   图 13-41

步骤⑩ 将时间标签放置在 0:00:02:24 的位置，按 S 键，展开"缩放"属性，设置"缩放"选项的数值为 0%，单击"缩放"属性名称左侧的"关键帧自动记录器"按钮 ○，如图 13-42 所示，记录第 1 个关键帧。将时间标签放置在 0:00:03:15 的位置，在"时间线"面板中，设置"缩放"选项的数值为 100%，如图 13-43 所示，记录第 2 个关键帧。

图 13-42   图 13-43

步骤⑪ 将时间标签放置在 0:00:00:00 的位置，选择"横排文字"工具 T，在"合成"窗口中输入文字"No limit sports"。选中文字，在"文字"面板中设置"填充色"为白色，其他选项的设置如图 13-44 所示。在"段落"面板中，单击"文字右对齐"按钮▤。"合成"窗口中的效果如图 13-45 所示。

图 13-44   图 13-45

步骤⑫ 将时间标签放置在 0:00:02:24 的位置，按 S 键，展开"缩放"属性，设置"缩放"选项的数值为 0%，单击"缩放"属性名称左侧的"关键帧自动记录器"按钮 ◌，如图 13-46 所示，记录第 1 个关键帧。将时间标签放置在 0:00:03:15 的位置，在"时间线"面板中，设置"缩放"选项的数值为 100%，如图 13-47 所示，记录第 2 个关键帧。

图 13-46　　　　　　　　　　　　　　　　　　　　　图 13-47

步骤⑬ 健身运动纪录片效果制作完成，如图 13-48 所示。

图 13-48

13.3 制作野生动物世界纪录片

13.3.1 案例分析

使用"导入"命令导入素材文件，利用"缩放"属性和"位置"属性制作视频排列效果，利用"位置"属性和"矩形遮罩"工具制作影片效果。

13.3.2 案例设计

本案例播放流程如图 13-49 所示。

图 13-49

13.3.3 案例制作

步骤① 按 Ctrl+N 组合键，弹出"图像合成设置"对话框，在"合成组名称"文本框中输入"排列"，其他选项的设置如图 13-50 所示，单击"确定"按钮，创建一个新的合成"排列"。选择"文件 > 导入 > 文件"命令，弹出"导入文件"对话框，选择云盘中的"Ch13\制作野生动物世界纪录片\（Footage）\01.jpg ~ 06.avi"文件，单击"打开"按钮，导入文件到"项目"面板，如图 13-51 所示。

微课：制作野生动物世界纪录片

图 13-50

图 13-51

步骤② 在"项目"面板中选中"02.avi ~ 06.avi"文件并将它们拖曳到"时间线"面板中。选中"02.avi"层，按 S 键，展开"缩放"属性，设置"缩放"选项的数值为 42%；按住 Shift 键的同时，按 P 键，展开"位置"属性，设置"位置"选项的数值为 144.0、297.0，如图 13-52 所示。"合成"窗口中的效果如图 13-53 所示。

图 13-52

图 13-53

步骤③ 选中"03.avi"层，按 S 键，展开"缩放"属性，设置"缩放"选项的数值为 42%；按住 Shift 键的同时，按 P 键，展开"位置"属性，设置"位置"选项的数值为 444.2、297.0，如图 13-54 所示。"合成"窗口中的效果如图 13-55 所示。

步骤④ 选中"04.avi"层，按 S 键，展开"缩放"属性，设置"缩放"选项的数值为 42%；按住 Shift 键的同时，按 P 键，展开"位置"属性，设置"位置"选项的数值为 745.4、297.0，如图 13-56 所示。"合成"窗口中的效果如图 13-57 所示。

图 13-54

图 13-55

图 13-56

图 13-57

步骤 ⑤ 选中 "05.avi" 层，按 S 键，展开"缩放"属性，设置"缩放"选项的数值为 42%；按住 Shift 键的同时，按 P 键，展开"位置"属性，设置"位置"选项的数值为 1045.9、297.0，如图 13-58 所示。"合成"窗口中的效果如图 13-59 所示。

图 13-58

图 13-59

步骤 ⑥ 选中 "06.avi" 层，按 S 键，展开"缩放"属性，设置"缩放"选项的数值为 42%；按住 Shift 键的同时，按 P 键，展开"位置"属性，设置"位置"选项的数值为 1347.4、297.0，如图 13-60 所示。"合成"窗口中的效果如图 13-61 所示。

图 13-60

图 13-61

步骤 ⑦ 按 Ctrl+N 组合键，弹出"图像合成设置"对话框，在"合成组名称"文本框中输入"最终效果"，其他选项的设置如图 13-62 所示，单击"确定"按钮，创建一个新的合成"最终效果"。

步骤 ⑧ 在"项目"面板中选中 "01.jpg" 文件并将其拖曳到"时间线"面板中，如图 13-63 所示。"合成"窗口中的效果如图 13-64 所示。

图 13-62   图 13-63   图 13-64

步骤⑨ 在"项目"面板中选中"排列"合成并将其拖曳到"时间线"面板中，按 P 键，展开"位置"属性，设置"位置"选项的数值为 750.1、277.2，单击"位置"属性名称左侧的"关键帧自动记录器"按钮，如图 13-65 所示，记录第 1 个关键帧。将时间标签放置在 0:00:04:24 的位置，在"时间线"面板中，设置"位置"选项的数值为-28.3、277.2，如图 13-66 所示，记录第 2 个关键帧。

图 13-65   图 13-66

步骤⑩ 将时间标签放置在 0:00:00:00 的位置，按 Ctrl+Y 组合键，在弹出的"固态层设置"对话框中进行设置，如图 13-67 所示，单击"确定"按钮，在"时间线"面板中生成一个黑色固态层，如图 13-68 所示。

图 13-67   图 13-68

步骤 ⑪ 按 P 键，展开"位置"属性，设置"位置"选项的数值为 193.7、281.2，如图 13-69 所示。按 Ctrl+D 组合键复制"黑色 固态层 1"。按 P 键，展开"位置"属性，设置"位置"选项的数值为 495.2、281.2，如图 13-70 所示。

图 13-69　　　　　　　　　　　　　　　图 13-70

步骤 ⑫ 野生动物世界纪录片效果制作完成，如图 13-71 所示。

图 13-71

课堂练习——制作圣诞节纪录片

练习知识要点

使用"CC 下雪"命令制作下雪效果，使用"摄影机"命令添加摄像机层并制作关键帧动画，使用"横排文字"工具输入文字，使用"CC 扫光"命令给文字添加特效。"圣诞节"纪录片效果如图 13-72 所示。

图 13-72

微课：制作圣
诞节纪录片

◉ 效果所在位置

云盘\Ch13\制作圣诞节纪录片\制作圣诞节纪录片.aep。

课后习题——制作海底世界纪录片

∂ 习题知识要点

使用"色阶"命令调整视频的亮度，使用"百叶窗"命令制作图片切换效果，使用"絮乱置换"命令制作鱼动画，使用"横排文字"工具输入文字，使用"渐变""高斯模糊""阴影"命令制作文字特效。"海底世界"纪录片效果如图 13-73 所示。

图 13-73

微课：制作海底世界纪录片

◉ 效果所在位置

云盘\Ch13\制作海底世界纪录片\制作海底世界纪录片.aep。

14

第 14 章
制作电子相册

电子相册用于描述美丽的风景，展现亲密的友情和记录精彩
的瞬间。它具有随意修改、快速检索、恒久保存以及快速分
发等传统相册无法比拟的优越性。本章以多个主题的电子相
册为例，讲解电子相册的构思方法和制作技巧。读者通过学
习可以掌握电子相册的制作要点，从而设计制作出精美的电
子相册。

课堂学习目标

- ✔ 了解电子相册的构思方法
- ✔ 理解电子相册的构成元素
- ✔ 掌握电子相册的表现手法
- ✔ 掌握电子相册的制作技巧

14.1　制作个人写真相册

14.1.1　案例分析

使用"矩形遮罩"工具制作照片效果，利用"时间线"面板设置动画的入点，使用"百叶窗"命令制作动画过渡效果。

14.1.2　案例设计

本案例播放流程如图 14-1 所示。

图 14-1

14.1.3　案例制作

步骤❶ 按 Ctrl+N 组合键，弹出"图像合成设置"对话框，在"合成组名称"文本框中输入"照片 1"，其他选项的设置如图 14-2 所示，单击"确定"按钮，创建一个新的合成"照片 1"。选择"文件 ＞ 导入 ＞ 文件"命令，弹出"导入文件"对话框，选择云盘中的"Ch14 \制作个人写真相册\ (Footage) \01.png ~ 04.png"文件，单击"打开"按钮，导入文件到"项目"面板，如图 14-3 所示。

微课：制作个人写真相册

图 14-2

图 14-3

步骤❷ 在"项目"面板中选中"01.png"和"02.jpg"文件并将它们拖曳到"时间线"面板中，层的排列顺序如图 14-4 所示。"合成"窗口中的效果如图 14-5 所示。

图 14-4   图 14-5

步骤③ 选中"01.png"层，按 P 键，展开"位置"属性，设置"位置"选项的数值为 265.4、306.9，如图 14-6 所示。"合成"窗口中的效果如图 14-7 所示。

图 14-6   图 14-7

步骤④ 选中"01.png"层，选择"矩形遮罩"工具▣，在"合成"窗口中绘制一个矩形遮罩，如图 14-8 所示。选中"02.jpg"层，按 P 键，展开"位置"属性，设置"位置"选项的数值为 580.4、288.0。"合成"窗口中的效果如图 14-9 所示。

图 14-8   图 14-9

步骤⑤ 按 Ctrl+N 组合键，弹出"图像合成设置"对话框，在"合成组名称"文本框中输入"照片 2"，其他选项的设置如图 14-10 所示，单击"确定"按钮，创建一个新的合成"照片 2"。在"项目"面板中选中"03.jpg"和"04.png"文件并将其拖曳到"照片 2"合成的"时间线"面板中，层的排列顺序如图 14-11 所示。

图 14-10

图 14-11

步骤⑥ 选中"04.png"层，按 Ctrl+D 组合键复制图层，如图 14-12 所示。选中"图层 2"，按 P 键，展开"位置"属性，设置"位置"选项的数值为 630.4、194.7，如图 14-13 所示。

图 14-12

图 14-13

步骤⑦ 选中"图层 2"，选择"矩形遮罩"工具▣，在"合成"窗口中绘制一个矩形遮罩，如图 14-14 所示。选中"图层 3"，按 P 键，展开"位置"属性，设置"位置"选项的数值为 118.0、194.7，如图 14-15 所示。

图 14-14

图 14-15

步骤⑧ 选中"图层 3"，选择"矩形遮罩"工具▣，在"合成"窗口中绘制一个矩形遮罩，如图 14-16 所示。按 Ctrl+N 组合键，弹出"图像合成设置"对话框，在"合成组名称"文本框中输入"最终效果"，其他选项的设置如图 14-17 所示，单击"确定"按钮，创建一个新的合成"最终效果"。

图 14-16   图 14-17

步骤⑨ 在"项目"面板中选中"照片 1"和"照片 2"合成并它们拖曳到"最终效果"合成的"时间线"面板中，层的排列顺序如图 14-18 所示。"合成"窗口中的效果如图 14-19 所示。

图 14-18   图 14-19

步骤⑩ 将时间标签放置在 0∶00∶02∶10 的位置，选中"照片 2"层，按 Alt+ [组合键，设置图层的入点，如图 14-20 所示。

图 14-20

步骤⑪ 选择"效果 > 过渡 > 百叶窗"命令，在"特效控制台"面板中进行设置，如图 14-21 所示。单击"变换完成量"选项左侧的"关键帧自动记录器"按钮 ，记录第 1 个关键帧，如图 14-22 所示。

步骤⑫ 将时间标签放置在 0∶00∶02∶17 的位置，在"特效控制台"面板中，设置"变换完成量"选项的数值为 0%，如图 14-23 所示，记录第 2 个关键帧。个人写真相册效果制作完成，如图 14-24 所示。

图 14-21

图 14-22

图 14-23

图 14-24

14.2　制作海滩风光相册

14.2.1　案例分析

使用"色阶"命令调整视频的颜色，使用"色相位/饱和度"命令调整视频的色调，利用"透明度"属性设置文字动画效果。

14.2.2　案例设计

本案例播放流程如图 14-25 所示。

图 14-25

14.2.3　案例制作

步骤 ① 按 Ctrl+N 组合键，弹出"图像合成设置"对话框，在"合成组名称"文本框中输入"最终效果"，其他选项的设置如图 14-26 所示，单击"确定"按钮，创建一个新的合成"最终效果"。选

择"文件 > 导入 > 文件"命令，弹出"导入文件"对话框，选择云盘中的"Ch14 \
制作海滩风光相册\ (Footage) \01.jpg、02.avi"文件，单击"打开"按钮，导入文
件到"项目"面板，如图 14-27 所示。

微课：制作海
滩风光相册

图 14-26

图 14-27

步骤❷ 在"项目"面板中选中"01.jpg"和"02.avi 文件并将它们拖曳到"时间线"面板中，
层的排列顺序如图 14-28 所示。"合成"窗口中的效果如图 14-29 所示。

图 14-28

图 14-29

步骤❸ 选中"02.avi"层，按 P 键，展开"位置"属性，设置"位置"选项的数值为 360.0、193.0，
如图 14-30 所示。"合成"窗口中的效果如图 14-31 所示。

图 14-30

图 14-31

步骤 ④ 选择"效果 > 色彩校正 > 色相位/饱和度"命令，在"特效控制台"面板中进行设置，如图 14-32 所示。"合成"窗口中的效果如图 14-33 所示。

图 14-32　　　　　　　　　　　　　　图 14-33

步骤 ⑤ 选择"效果 > 色彩校正 > 色阶"命令，在"特效控制台"面板中进行设置，如图 14-34 所示。"合成"窗口中的效果如图 14-35 所示。

图 14-34　　　　　　　　　　　　　　图 14-35

步骤 ⑥ 选择"矩形遮罩"工具▣，在"合成"窗口中拖曳鼠标绘制 3 个矩形遮罩，如图 14-36 所示。选择"横排文字"工具🅣，在"合成"窗口中输入文字"沙滩的记忆"。选中文字，在"文字"面板中设置"填充色"为白色，其他选项的设置如图 14-37 所示。"合成"窗口中的效果如图 14-38 所示。

图 14-36　　　　　　　　图 14-37　　　　　　　　图 14-38

步骤 7 按 P 键，展开"位置"属性，设置"位置"选项的数值为 353.7、107.1，如图 14-39 所示。"合成"窗口中的效果如图 14-40 所示。

图 14-39   图 14-40

步骤 8 展开"沙滩的记忆"层的属性，单击"动画"右侧的按钮 ⊙，在弹出的菜单中选择"缩放"，在"时间线"面板中自动添加一个"动画 1"选项，设置"缩放"选项的数值为 500%，如图 14-41 所示。单击"添加"右侧的按钮 ⊙，在弹出的菜单中选择"特性 > 模糊"选项，设置"模糊"选项的数值为 240.0、240.0，如图 14-42 所示。

图 14-41   图 14-42

步骤 9 展开"范围选择器 1"属性，设置"偏移"选项的数值为-100%，单击"偏移"选项左侧的"关键帧自动记录器"按钮 ⚬，如图 14-43 所示，记录第 1 个关键帧。将时间标签放置在 0:00:03:00 的位置，在"时间线"面板中，设置"偏移"选项的数值为 100%，如图 14-44 所示，记录第 2 个关键帧。

图 14-43   图 14-44

步骤⑩ 展开"高级选项"属性，设置"编组对齐"选项的数值为 0%、−55%，如图 14-45 所示。选择"横排文字"工具 Ⓣ，在"合成"窗口中输入需要的文字。选中文字，在"文字"面板中设置"填充色"为黑色，其他选项的设置如图 14-46 所示。"合成"窗口中的效果如图 14-47 所示。

| 图 14-45 | 图 14-46 | 图 14-47 |

步骤⑪ 将时间标签放置在 0:00:03:12 的位置，按 T 键，展开"透明度"属性，设置"透明度"选项的数值为 0%，如图 14-48 所示，记录第 1 个关键帧。将时间标签放置在 0:00:04:12 的位置，在"时间线"面板中，设置"透明度"选项的数值为 100%，记录第 2 个关键帧。海滩风光相册效果制作完成，如图 14-49 所示。

| 图 14-48 | 图 14-49 |

14.3 制作草原美景相册

14.3.1 案例分析

利用"位置"属性和关键帧制作图片位移动画效果，利用"缩放"属性和关键帧制作图片缩放动画效果。

14.3.2 案例设计

本案例播放流程如图 14-50 所示。

图 14-50

14.3.3 案例制作

步骤❶ 按 Ctrl+N 组合键，弹出"图像合成设置"对话框，在"合成组名称"文本框中输入"最终效果"，其他选项的设置如图 14-51 所示，单击"确定"按钮，创建一个新的合成"最终效果"。

步骤❷ 选择"文件 > 导入 > 文件"命令，弹出"导入文件"对话框，选择云盘中的"Ch14\制作草原美景相册\ (Footage) \01.jpg ~ 04.png"文件，单击"打开"按钮，导入文件到"项目"面板，如图 14-52 所示。

微课：制作健身运动纪录片

图 14-51

图 14-52

步骤❸ 在"项目"面板中选中"01.jpg"和"02.png"文件并将它们拖曳到"时间线"面板中，如图 14-53 所示。"合成"窗口中的效果如图 14-54 所示。

图 14-53

图 14-54

步骤④ 保持时间标签在 0：00：00：00 的位置，选中"02.png"层，按 P 键，展开"位置"属性，设置"位置"选项的数值为-308.8、173.1，单击"位置"选项左侧的"关键帧自动记录器"按钮 ⑦，如图 14-55 所示，记录第 1 个关键帧。

步骤⑤ 将时间标签放置在 0：00：02：00 的位置，在"时间线"面板中，设置"位置"选项的数值为 403.3、173.1，如图 14-56 所示，记录第 2 个关键帧。

图 14-55　　　　　　　　　　　　　　　　图 14-56

步骤⑥ 按 T 键，展开"透明度"属性，单击"透明度"选项左侧的"关键帧自动记录器"按钮 ⑦，如图 14-57 所示，记录第 1 个关键帧。将时间标签放置在 0：00：02：10 的位置，在"时间线"面板中，设置"透明度"选项的数值为 0%，如图 14-58 所示，记录第 2 个关键帧。

图 14-57　　　　　　　　　　　　　　　　图 14-58

步骤⑦ 在"项目"面板中选中"03.png"文件并将其拖曳到"时间线"面板中，层的排列顺序如图 14-59 所示。将时间标签放置在 0：00：00：00 的位置，按 P 键，展开"位置"属性，设置"位置"选项的数值为 1037.3、435.4，如图 14-60 所示。

图 14-59　　　　　　　　　　　　　　　　图 14-60

步骤⑧ 单击"位置"选项左侧的"关键帧自动记录器"按钮 ⑦，如图 14-61 所示，记录第 1 个关键帧。将时间标签放置在 0：00：02：00 的位置，在"时间线"面板中，设置"位置"选项的数值为 328.8、435.4，如图 14-62 所示，记录第 2 个关键帧。

步骤⑨ 按 T 键，展开"透明度"属性，单击"透明度"选项左侧的"关键帧自动记录器"按钮 ⑦，如图 14-63 所示，记录第 1 个关键帧。将时间标签放置在 0：00：02：10 的位置，在"时间线"面板中，设置"透明度"选项的数值为 0%，如图 14-64 所示，记录第 2 个关键帧。

图 14-61

图 14-62

图 14-63

图 14-64

步骤 ⑩ 在"项目"面板中选中"04.png"文件并将其拖曳到"时间线"面板中的最上方，按 Alt+
[组合键，设置动画的入点，如图 14-65 所示。

图 14-65

步骤 ⑪ 按 S 键，展开"缩放"属性，设置"缩放"选项的数值为 0%，单击"缩放"选项左侧的
"关键帧自动记录器"按钮 ，如图 14-66 所示，记录第 1 个关键帧。将时间标签放置在 0:00:04:00
的位置，在"时间线"面板中，设置"缩放"选项的数值为 100%，如图 14-67 所示，记录第 2 个关
键帧。

图 14-66

图 14-67

步骤 ⑫ 草原美景相册效果制作完成，效果如图 14-68 所示。

图 14-68

课堂练习——制作动感相册

🔗 练习知识要点

使用"粗糙边缘"命令制作矩形边缘粗糙，使用"百叶窗"命令制作图片切换效果，使用"三色调"和"粗糙边缘"命令制作底图效果，使用"色阶"命令调整视频的亮度，使用"CC 扫光"命令制作图片特效动画。动感相册效果如图 14-69 所示。

图 14-69

微课：制作
动感相册

⊙ 效果所在位置

云盘\Ch14\制作动感相册\制作动感相册.aep。

课后习题——制作儿童相册

🔗 习题知识要点

使用"横排文字"工具输入文字，使用"CC 扫光"命令制作文字特效动画，使用"位置""3D

层"命令制作场景动画。儿童相册效果如图 14-70 所示。

图 14-70

微课：制作
儿童相册

 效果所在位置

云盘\Ch14\制作儿童相册\制作儿童相册.aep。

15 第 15 章
制作电视栏目

电视栏目是有固定的名称、固定的播出时间、固定的栏目宗旨，每期播出不同内容的节目。它能给人们带来信息、知识、欢乐和享受等。本章以多个主题的电视栏目为例，讲解电视栏目的构思方法和制作技巧，读者通过学习可以设计制作出拥有自己独特风格的电视栏目。

课堂学习目标

- ✔ 了解电视栏目的构思方法
- ✔ 了解电视栏目的构成元素
- ✔ 掌握电视栏目的表现手法
- ✔ 掌握电视栏目的制作技巧

15.1 制作美味厨房栏目

15.1.1 案例分析

使用"色阶"命令调整背景的颜色，利用"时间线"面板控制动画的入点和出点，使用"矩形遮罩"工具和关键帧制作文字动画效果，利用"透明度"属性和关键帧制作图片动画效果。

15.1.2 案例设计

本案例播放流程如图 15-1 所示。

图 15-1

15.1.3 案例制作

步骤 ① 按 Ctrl+N 组合键，弹出"图像合成设置"对话框，在"合成组名称"文本框中输入"最终效果"，其他选项的设置如图 15-2 所示，单击"确定"按钮，创建一个新的合成"最终效果"。选择"文件 > 导入 > 文件"命令，弹出"导入文件"对话框，选择云盘中的"Ch15\制作美味厨房栏目\ (Footage) \01.jpg ~ 07.mov"文件，单击"打开"按钮，导入文件到"项目"面板，如图 15-3 所示。

微课: 制作美
味厨房栏目

图 15-2

图 15-3

步骤 ② 在"项目"面板中选中"07.mov"文件并将其拖曳到"时间线"面板中，如图 15-4 所示。"合成"窗口中的效果如图 15-5 所示。

图 15-4　　　　　　　　　　　　　　　　图 15-5

步骤③ 选择"效果 > 色彩校正 > 色阶"命令，在"特效控制台"面板中进行设置，如图 15-6 所示。"合成"窗口中的效果如图 15-7 所示。

图 15-6　　　　　　　　　　　　　　　　图 15-7

步骤④ 在"项目"面板中选中"01.jpg"文件并将其拖曳到"时间线"面板中，如图 15-8 所示。"合成"窗口中的效果如图 15-9 所示。

图 15-8　　　　　　　　　　　　　　　　图 15-9

步骤⑤ 选择"钢笔"工具，在"合成"窗口中绘制一个闭合图形，如图 15-10 所示。选择"效果 > 透视 > 阴影"命令，在"特效控制台"面板中进行设置，如图 15-11 所示。"合成"窗口中的效果如图 15-12 所示。

| 图 15-10 | 图 15-11 | 图 15-12 |

步骤 ⑥ 在"项目"面板中选中"02.mov"文件并将其拖曳到"时间线"面板中。按 P 键，展开"位置"属性，设置"位置"选项的数值为 266.7、343.4；按住 Shift 键的同时，按 S 键，展开"缩放"属性，设置"缩放"选项的数值为 67%，如图 15-13 所示，"合成"窗口中的效果如图 15-14 所示。

| 图 15-13 | 图 15-14 |

步骤 ⑦ 选择"矩形遮罩"工具 ▢，在"合成"窗口中绘制一个矩形遮罩，如图 15-15 所示。在"项目"面板中选中"03.png""04.png""05.png"和"06.png"文件并将它们拖曳到"时间线"面板中，层的排列顺序如图 15-16 所示。"合成"窗口中的效果如图 15-17 所示。

| 图 15-15 | 图 15-16 | 图 15-17 |

步骤 ⑧ 选中"03.png"层，按 P 键，展开"位置"属性，设置"位置"选项的数值为 480.1、449.9；将时间标签放置在 0:00:01:01 的位置，按 Alt+] 组合键，设置动画的出点，如图 15-18 所示。

图 15-18

步骤 ⑨ 选中 "04.png" 层，按 P 键，展开 "位置" 属性，设置 "位置" 选项的数值为 480.1、449.9；按住 Shift 键的同时，按 S 键，展开 "缩放" 属性，设置 "缩放" 选项的数值为 69.1%。按 Alt+ [组合键，设置动画的入点；将时间标签放置在 0:00:02:01 的位置，按 Alt+] 组合键，设置动画的出点，如图 15-19 所示。

图 15-19

步骤 ⑩ 选中 "05.png" 层，按 P 键，展开 "位置" 属性，设置 "位置" 选项的数值为 478.7、453.9。按 Alt+ [组合键，设置动画的入点；将时间标签放置在 0:00:02:01 的位置，按 Alt+] 组合键，设置动画的出点，如图 15-20 所示。

图 15-20

步骤 ⑪ 选中 "06.png" 层，按 P 键，展开 "位置" 属性，设置 "位置" 选项的数值为 482.8、460.7，按 Alt+ [组合键，设置动画的入点，如图 15-21 所示。

图 15-21

步骤⑫ 将时间标签放置在 0:00:00:00 的位置，选择"横排文字"工具 T，在"合成"窗口中输入文字"美食天天看"。选中文字，在"文字"面板中设置"填充色"为红色（其 R、G、B 的值分别为 170、3、3），其他选项的设置如图 15-22 所示。"合成"窗口中的效果如图 15-23 所示。

图 15-22

图 15-23

步骤⑬ 选择"矩形遮罩"工具 ▢，在"合成"窗口中绘制一个矩形遮罩，如图 15-24 所示。按 M 键，展开"遮罩形状"属性，单击"遮罩形状"选项左侧的"关键帧自动记录器"按钮 ○，如图 15-25 所示，记录第 1 个关键帧。

图 15-24

图 15-25

步骤⑭ 将时间标签放置在 0:00:00:08 的位置。选择"选择"工具 ▸，在"合成"窗口中，同时选中"遮罩形状"右边的两个控制点，将控制点向右拖曳到图 15-26 所示的位置，记录第 2 个关键帧。美味厨房栏目效果制作完成，如图 15-27 所示。

图 15-26

图 15-27

15.2　制作汽车世界栏目

15.2.1　案例分析

使用"百叶窗"命令、"卡片擦除"命令、"CC 网格擦除"命令、"CC 龙卷风"命令制作过渡动画效果，利用"透明度"属性和关键帧制作文字动画效果，使用"Starglow"命令和关键帧制作文字闪烁效果。

15.2.2　案例设计

本案例播放流程如图 15-28 所示。

图 15-28

15.2.3　案例制作

1. 制作图像出场顺序

步骤❶ 按 Ctrl+N 组合键，弹出"图像合成设置"对话框，在"合成组名称"文本框中输入"最终效果"，其他选项的设置如图 15-29 所示，单击"确定"按钮，创建一个新的合成"最终效果"。选择"文件 > 导入 > 文件"命令，弹出"导入文件"对话框，选择云盘中的"Ch15\制作汽车世界栏目\（Footage）\01.jpg ~ 06.jpg"文件，单击"打开"按钮，导入文件到"项目"面板，如图 15-30 所示。

微课：制作汽车世界栏目 1

图 15-29

图 15-30

步骤② 在"项目"面板中选中"01.jpg""02.jpg""03.jpg""04.jpg""05.jpg"和"06.jpg"文件，并将它们拖曳到"时间线"面板中，如图 15-31 所示。"合成"窗口中的效果如图 15-32 所示。

图 15-31   图 15-32

步骤③ 将时间标签放置在 0:00:01:04 的位置，选中"01.jpg"层，按 Alt+] 组合键，设置动画的出点，如图 15-33 所示。

图 15-33

步骤④ 将时间标签放置在 0:00:00:22 的位置，选中"02.jpg"层，按 Alt+ [组合键，设置动画的入点；将时间标签放置在 0:00:01:24 的位置，按 Alt+] 组合键，设置动画的出点，如图 15-34 所示。

图 15-34

步骤⑤ 将时间标签放置在 0:00:01:19 的位置，选中"03.jpg"层，按 Alt+ [组合键，设置动画的入点；将时间标签放置在 0:00:02:23 的位置，按 Alt+] 组合键，设置动画的出点，如图 15-35 所示。

步骤⑥ 将时间标签放置在 0:00:02:15 的位置，选中"04.jpg"层，按 Alt+ [组合键，设置动画的入点；将时间标签放置在 0:00:03:18 的位置，按 Alt+] 组合键，设置动画的出点，如图 15-36 所示。

图 15-35

图 15-36

步骤 ❼ 将时间标签放置在 0:00:03:12 的位置，选中 "05.jpg" 层，按 Alt+ [组合键，设置动画的入点；将时间标签放置在 0:00:04:11 的位置，按 Alt+] 组合键，设置动画的出点，如图 15-37 所示。

图 15-37

步骤 ❽ 将时间标签放置在 0:00:04:09 的位置，选中 "06.jpg" 层，按 Alt+ [组合键，设置动画的入点，如图 15-38 所示。

图 15-38

2. 制作画面过渡动画

步骤 ❶ 将时间标签放置在 0:00:00:15 的位置，选中 "01.jpg" 层，选择 "效果 > 过渡 > 百叶窗" 命令，在 "特效控制台" 面板中进行设置，如图 15-39 所示。单击 "变换完成量" 选项左侧的 "关键帧自动记录器" 按钮 ⏱，如图 15-40 所示，记录第 1 个关键帧。

微课：制作汽
车世界栏目 2

图 15-39

图 15-40

步骤 ② 将时间标签放置在 0:00:01:02 的位置，在"特效控制台"面板中，设置"变换完成量"选项的数值为 100%，如图 15-41 所示，记录第 2 个关键帧。

步骤 ③ 将时间标签放置在 0:00:01:10 的位置，选中"02.jpg"层，选择"效果 > 过渡 > 卡片擦除"命令，在"特效控制台"面板中进行设置，如图 15-42 所示。

图 15-41

图 15-42

步骤 ④ 单击"变换完成度"选项左侧的"关键帧自动记录器"按钮，如图 15-43 所示，记录第 1 个关键帧。将时间标签放置在 0:00:01:20 的位置，在"特效控制台"面板中，设置"变换完成度"选项的数值为 100%，如图 15-44 所示，记录第 2 个关键帧。

图 15-43

图 15-44

步骤 ⑤ 将时间标签放置在 0:00:02:09 的位置，选中"03.jpg"层，选择"效果 > 过渡 > 渐变擦除"命令，在"特效控制台"面板中进行设置，如图 15-45 所示。单击"完成过渡"选项左侧的"关键帧自动记录器"按钮，记录第 1 个关键帧。将时间标签放置在 0:00:02:20 的位置，在"特效控制台"面板中，设置"完成过渡"选项的数值为 100%，如图 15-46 所示，记录第 2 个关键帧。

图 15-45　　　　　　　　　　　　　　　图 15-46

步骤⑥ 将时间标签放置在 0:00:03:02 的位置，选中"04.jpg"层，选择"效果 > 过渡 > CC 网格擦除"命令，在"特效控制台"面板中进行设置，如图 15-47 所示。单击"完成度"选项左侧的"关键帧自动记录器"按钮 ，记录第 1 个关键帧。将时间标签放置在 0:00:03:14 的位置，在"特效控制台"面板中，设置"完成度"选项的数值为 100%，如图 15-48 所示，记录第 2 个关键帧。

图 15-47　　　　　　　　　　　　　　　图 15-48

步骤⑦ 将时间标签放置在 0:00:04:00 的位置，选择"效果 > 过渡 > CC 龙卷风"命令，在"特效控制台"面板中进行设置，如图 15-49 所示。单击"完成度"选项左侧的"关键帧自动记录器"按钮 ，记录第 1 个关键帧。将时间标签放置在 0:00:04:09 的位置，在"特效控制台"面板中，设置"完成度"选项的数值为 100%，如图 15-50 所示，记录第 2 个关键帧。

图 15-49　　　　　　　　　　　　　　　图 15-50

3. 制作文字动画

步骤① 选中"06.jpg"层，将时间标签放置在 0:00:04:09 的位置，选择"横排文字"工具 T ，在"合成"窗口中输入文字"车众之家"。选中文字，在"文字"面板中设置"填充色"为灰色（其 R、G、B 的值均为 235），其他选项的设置如图 15-51 所示。"合成"窗口中的效果如图 15-52 所示。

步骤② 选中文字层，按 Alt+ [组合键，设置动画的入点，如图 15-53 所示。

步骤③ 按 T 键，展开"透明度"属性，设置"透明度"选项的数值为 0%，单击"透明度"选项左侧的"关键帧自动记录器"按钮 ，如图 15-54 所示，记录第 1 个关键帧。将时间标签放置在 0:00:04:24 的位置，在"时间线"面板中，设置"透明度"选项的数值为 100%，如图 15-55 所示，

微课：制作汽车世界栏目 3

记录第 2 个关键帧。

图 15-51

图 15-52

图 15-53

图 15-54

图 15-55

步骤 4 选择"效果 > Trapcode > Starglow"命令，在"特效控制台"面板中进行设置，如图 15-56 所示。保持时间标签放置在 0：00：04：24 的位置，在"特效控制台"面板中，单击"Boost Light"选项左侧的"关键帧自动记录器"按钮○，记录第 1 个关键帧。

步骤 5 将时间标签放置在 0：00：05：00 的位置，在"特效控制台"面板中，设置"Boost Light"选项的数值为 1.0，如图 15-57 所示，记录第 2 个关键帧。

步骤 6 将时间标签放置在 0：00：05：01 的位置，在"特效控制台"面板中，设置"Boost Light"选项的数值为 0.0，如图 15-58 所示，记录第 3 个关键帧。将时间标签放置在 0：00：05：02 的位置，在"特效控制台"面板中，设置"Boost Light"选项的数值为 1.0，如图 15-59 所示，记录第 4 个关键帧。

步骤 7 将时间标签放置在 0：00：05：03 的位置，在"特效控制台"面板中，设置"Boost Light"选项的数值为 0.0，如图 15-60 所示，记录第 5 个关键帧。将时间标签放置在 0：00：05：04 的位置，在"特效控制台"面板中，设置"Boost Light"选项的数值为 1.0，如图 15-61 所示，记录第 6 个关键帧。

图 15-56

图 15-57

图 15-58

图 15-59

图 15-60

图 15-61

步骤 ⑧ 将时间标签放置在 0：00：05：05 的位置，在"特效控制台"面板中，设置"Boost Light"选项的数值为 0.0，如图 15-62 所示，记录第 7 个关键帧。将时间标签放置在 0：00：05：06 的位置，在"特效控制台"面板中，设置"Boost Light"选项的数值为 1.0，如图 15-63 所示，记录第 8 个关键帧。

步骤 ⑨ 将时间标签放置在 0：00：05：07 的位置，在"特效控制台"面板中，设置"Boost Light"选项的数值为 0.0，如图 15-64 所示，记录第 9 个关键帧。将时间标签放置在 0：00：05：08 的位置，在"特效控制台"面板中，设置"Boost Light"选项的数值为 1.0，如图 15-65 所示，记录第 10 个关键帧。

图 15-62

图 15-63

图 15-64

图 15-65

步骤 ⑩ 汽车世界栏目效果制作完成，如图 15-66 所示。

图 15-66

15.3 制作美体瑜伽栏目

15.3.1 案例分析

利用图层混合模式制作背景效果，利用"位置"属性和关键帧制作人物动画效果，使用"色相位/

饱和度"命令、"照片滤镜"命令和"色阶"命令调整人物色调和亮度，使用"阴影"命令为文字添加阴影，使用"液化"命令制作文字的动画，使用"Shine"命令制作文字发光效果。

15.3.2　案例设计

本案例播放流程如图 15-67 所示。

图 15-67

15.3.3　案例制作

1. 制作画面出场动画

步骤① 按 Ctrl+N 组合键，弹出"图像合成设置"对话框，在"合成组名称"文本框中输入"最终效果"，其他选项的设置如图 15-68 所示，单击"确定"按钮，创建一个新的合成"最终效果"。选择"文件 > 导入 > 文件"命令，弹出"导入文件"对话框，选择云盘中的"Ch15\制作美体瑜伽栏目\（Footage）\01.jpg ~ 05.mov"文件，单击"打开"按钮，导入文件到"项目"面板，如图 15-69 所示。

微课：制作美
体瑜伽栏目 1

图 15-68

图 15-69

步骤② 在"项目"面板中选中"01.jpg"和"05.mov"文件并将它们拖曳到"时间线"面板中，层的排列顺序如图 15-70 所示。"合成"窗口中的效果如图 15-71 所示。

步骤③ 设置"05.mov"层的混合模式为"正片叠底"，如图 15-72 所示。"合成"窗口中的效果如图 15-73 所示。

步骤④ 在"项目"面板中选中"02.png"文件并将其拖曳到"时间线"面板中，按 P 键，展开"位置"属性，设置"位置"选项的数值为 912.7、321.7，单击"位置"选项左侧的"关键帧自动记录器"按钮 ，如图 15-74 所示，记录第 1 个关键帧。

图 15-70 图 15-71

图 15-72 图 15-73

步骤 ⑤ 将时间标签放置在 0:00:00:16 的位置，在"时间线"面板中，设置"位置"选项的数值为 567.7、321.7，如图 15-75 所示，记录第 2 个关键帧。

图 15-74 图 15-75

步骤 ⑥ 选择"效果 > 色彩校正 > 照片滤镜"命令，在"特效控制台"面板中进行设置，如图 15-76 所示。"合成"窗口中的效果如图 15-77 所示。

图 15-76 图 15-77

步骤 7 选择"效果 > 色彩校正 > 色相位/饱和度"命令，在"特效控制台"面板中进行设置，如图 15-78 所示。"合成"窗口中的效果如图 15-79 所示。

图 15-78

图 15-79

步骤 8 选择"效果 > 色彩校正 > 色阶"命令，在"特效控制台"面板中进行设置，如图 15-80 所示。"合成"窗口中的效果如图 15-81 所示。

图 15-80

图 15-81

步骤 9 在"项目"面板中选中"03.png"文件并将其拖曳到"时间线"面板中，按 P 键，展开"位置"属性，设置"位置"选项的数值为 200.8、383.8，如图 15-82 所示。"合成"窗口中的效果如图 15-83 所示。

图 15-82

图 15-83

步骤 ⑩ 将时间标签放置在 0:00:00:24 的位置，按 S 键，展开"缩放"属性，设置"缩放"选项的数值为 0.0%，单击"缩放"选项左侧的"关键帧自动记录器"按钮 ⚙，如图 15-84 所示，记录第 1 个关键帧。将时间标签放置在 0:00:01:07 的位置，在"时间线"面板中，设置"缩放"选项的数值为 100.0%，如图 15-85 所示，记录第 2 个关键帧。

图 15-84　　　　　　　　　　　　图 15-85

步骤 ⑪ 选择"效果 > 色彩校正 > 色阶"命令，在"特效控制台"面板中进行设置，如图 15-86 所示。"合成"窗口中的效果如图 15-87 所示。

图 15-86

图 15-87

步骤 ⑫ 在"项目"面板中选中"04.png"文件并将其拖曳到"时间线"面板中，按 P 键，展开"位置"属性，设置"位置"选项的数值为 215.7、491.7，如图 15-88 所示。"合成"窗口中的效果如图 15-89 所示。

图 15-88

图 15-89

步骤 ⑬ 选择"效果 > 色彩校正 > 色阶"命令，在"特效控制台"面板中进行设置，如图 15-90 所示。"合成"窗口中的效果如图 15-91 所示。

图 15-90

图 15-91

步骤⑭ 选择"矩形遮罩"工具 ▣，在"合成"窗口中绘制一个矩形遮罩，如图 15-92 所示。按 M 键，展开"遮罩形状"属性，单击"遮罩形状"选项左侧的"关键帧自动记录器"按钮 ◔，如图 15-93 所示，记录第 1 个关键帧。

步骤⑮ 将时间标签放置在 0:00:01:16 的位置。选择"选择"工具 ▸，在"合成"窗口中，同时选中"遮罩形状"右边的两个控制点，将控制点向右拖曳到图 15-94 所示的位置，记录第 2 个关键帧。

图 15-92

图 15-93

图 15-94

2. 制作文字动画

步骤❶ 选择"横排文字"工具 Ｔ，在"合成"窗口中输入文字"健身美体 每日一练"。选中文字，在"文字"面板中设置"填充色"为白色，其他选项的设置如图 15-95 所示。"合成"窗口中的效果如图 15-96 所示。

微课：制作美体瑜伽栏目 2

图 15-95

图 15-96

步骤 ② 将时间标签放置在 0:00:02:02 的位置，按 Alt+ [组合键，设置动画的入点，如图 15-97 所示。

图 15-97

步骤 ③ 选择"效果 > 扭曲 > 液化"命令，在"特效控制台"面板中进行设置，如图 15-98 所示。"合成"窗口中的效果如图 15-99 所示。

图 15-98

图 15-99

步骤 ④ 保持时间标签放置在 0:00:02:02 的位置，在"特效控制台"面板中，单击"变形率"选项左侧的"关键帧自动记录器"按钮，如图 15-100 所示，记录第 1 个关键帧。将时间标签放置在 0:00:02:13 的位置，在"特效控制台"面板中，设置"变形率"选项的数值为 0%，如图 15-101 所示，记录第 2 个关键帧。

图 15-100

图 15-101

步骤 ⑤ 选择"效果 > 透视 > 阴影"命令，在"特效控制台"面板中进行设置，如图 15-102 所示。"合成"窗口中的效果如图 15-103 所示。

步骤 ⑥ 选择"效果 > Trapcode > Shine"命令，在"特效控制台"面板中进行设置，如图 15-104 所示。将时间标签放置在 0:00:02:17 的位置，在"特效控制台"面板中，分别单击"Source Point"

选项和"Ray Length"选项左侧的"关键帧自动记录器"按钮○，如图 15-105 所示，记录第 1 个关键帧。

图 15-102

图 15-103

图 15-104

图 15-105

步骤⑦ 将时间标签放置在 0:00:03:03 的位置，在"特效控制台"面板中，设置"Ray Length"选项的数值为 1，如图 15-106 所示，记录第 2 个关键帧。将时间标签放置在 0:00:03:13 的位置，在"特效控制台"面板中，设置"Source Point"选项的数值为 92.0、288.0，"Ray Length"选项的数值为 0.0，如图 15-107 所示，记录第 3 个关键帧。

图 15-106

图 15-107

步骤⑧ 将时间标签放置在 0:00:02:02 的位置，选中"健身美体 每日一练"层，按 T 键，展开"透明度"属性，设置"透明度"选项的数值为 0%，单击"透明度"选项左侧的"关键帧自动记录器"按钮○，如图 15-108 所示，记录第 1 个关键帧。

步骤⑨ 将时间标签放置在 0:00:02:13 的位置，在"时间线"面板中，设置"透明度"选项的数值为 100%，如图 15-109 所示，记录第 2 个关键帧。

图 15-108

图 15-109

步骤 ⑩ 美体瑜伽栏目效果制作完成，如图 15-110 所示。

图 15-110

课堂练习——制作奇幻自然栏目

练习知识要点

使用"龙卷风"命令制作龙卷风效果，使用"块溶解"命令制作视频切换效果，使用"钢笔"工具制作视频遮罩效果，使用"横排文字"工具输入文字，使用"彩色浮雕" 命令制作文字立体效果，使用"CC 扫光"命令制作文字动画。"奇幻自然"栏目效果如图 15-111 所示。

图 15-111

微课：制作奇
幻自然栏目

效果所在位置

云盘\Ch15\制作奇幻自然栏目\制作奇幻自然栏目.aep。

课后习题——制作摄影之家栏目

习题知识要点

使用"CC 网格擦除"命令制作图片切换效果，使用"摄像机"命令添加摄像机层，利用"位置"和"透明度"属性制作场景动画。"摄影之家"栏目效果如图 15-112 所示。

图 15-112

微课：制作摄影之家栏目

效果所在位置

云盘\Ch15\制作摄影之家栏目\制作摄影之家栏目.aep。

16

第 16 章
制作节目片头

节目片头也就是节目的"开场戏",旨在引导观众对后面的节目产生观看的兴趣,以达到吸引观众、宣传内容、突出特点的目的。本章以多个主题的节目片头为例,讲解节目片头的构思方法和制作技巧。读者通过学习可以设计制作出赏心悦目的节目片头。

课堂学习目标

- ✔ 了解节目片头的构思方法
- ✔ 了解节目片头的构成元素
- ✔ 掌握节目片头的表现手法
- ✔ 掌握节目片头的制作技巧

16.1 制作 DIY 节目的片头

16.1.1 案例分析

使用"摄像机"命令制作视频的空间效果，使用"CC 图像式擦除"命令、"渐变擦除"命令和"块溶解"命令添加过渡效果，使用"照明"命令添加光照效果。

16.1.2 案例设计

本案例播放流程如图 16-1 所示。

图 16-1

16.1.3 案例制作

步骤① 按 Ctrl+N 组合键，弹出"图像合成设置"对话框，在"合成组名称"文本框中输入"最终效果"，其他选项的设置如图 16-2 所示，单击"确定"按钮，创建一个新的合成"最终效果"。选择"文件 > 导入 > 文件"命令，弹出"导入文件"对话框，选择云盘中的"Ch16\制作 DIY 节目片头\ (Footage) \01.jpg ~ 04.avi"文件，单击"打开"按钮，导入文件到"项目"面板，如图 16-3 所示。

微课：制作 DIY
节目片头

图 16-2

图 16-3

步骤② 在"项目"面板中选中"01.jpg"文件并将其拖曳到"时间线"面板中，如图 16-4 所示。

"合成"窗口中的效果如图 16-5 所示。

图 16-4   图 16-5

步骤❸ 选择"横排文字"工具 T ，在"合成"窗口中输入文字"DIY 创意工坊"。选中文字，在"文字"面板中设置"填充色"为红色（其 R、G、B 的值分别为 155、4、4），"边色"为白色，其他选项设置如图 16-6 所示。"合成"窗口中的效果如图 16-7 所示。

图 16-6   图 16-7

步骤❹ 将时间标签放在 0:00:00:00 的位置，按 R 键，展开"旋转"属性，设置"旋转"选项的数值为"0x-5.5°"，按住 Shift 键的同时，按 T 键，展开"透明度"属性，设置"透明度"选项的数值为 0%，单击"透明度"选项左侧的"关键帧自动记录器"按钮 ，如图 16-8 所示，记录第 1 个关键帧。将时间标签放在 0:00:01:12 的位置，在"时间线"面板中，设置"透明度"选项的数值为 100%，如图 16-9 所示，记录第 2 个关键帧。

图 16-8   图 16-9

步骤❺ 在"项目"面板中选中"02.avi""03.avi"和"04.avi"文件，并将它们拖曳到"时间线"面板中，层的排列顺序如图 16-10 所示。

图 16-10

步骤⑥ 选中"03.avi"层，设置"03.avi"层的入点时间为 0:00:02:13，持续时间为 0:00:03:09；选中"04.avi"层，设置"04.avi"层的入点时间为 0:00:05:02，持续时间为 0:00:02:24，如图 16-11 所示。

图 16-11

步骤⑦ 将时间标签放置在 0:00:00:00 的位置，选中"02.avi"层，按 P 键，展开"位置"属性，设置"位置"选项的数值为 304.7、244.8；按住 Shift 键的同时，按 S 键，展开"缩放"属性，设置"缩放"选项的数值为 71%；按住 Shift 键的同时，按 R 键，展开"旋转"属性，设置"旋转"选项的数值为"0x-5.5°"，如图 16-12 所示。

步骤⑧ 选择"效果 > 过渡 > CC 图像式擦除"命令，在"特效控制台"面板中进行设置，如图 16-13 所示。

图 16-12

图 16-13

步骤⑨ 将时间标签放在 0:00:02:04 的位置，在"特效控制台"面板中，单击"完成度"选项左侧的"关键帧自动记录器"按钮 ◯，如图 16-14 所示，记录第 1 个关键帧。将时间标签放在 0:00:02:20 的位置，在"特效控制台"面板中，设置"完成度"选项的数值为 100%，如图 16-15 所示，记录第 2 个关键帧。

步骤⑩ 将时间标签放置在 0:00:00:00 的位置，选中"03.avi"层，按 P 键，展开"位置"属性，设置"位置"选项的数值为 304.7、244.8；按住 Shift 键的同时，按 S 键，展开"缩放"属性，设置"缩放"选项的数值为 71%；按住 Shift 键的同时，按 R 键，展开"旋转"属性，设置"旋转"选项的数值为"0x-5.5°"，如图 16-16 所示。

图 16-14

图 16-15

步骤 ⑪ 选中"04.avi"层,按 P 键,展开"位置"属性,设置"位置"选项的数值为 304.7、244.8;按住 Shift 键的同时,按 S 键,展开"缩放"属性,设置"缩放"选项的数值为 71%;按住 Shift 键的同时,按 R 键,展开"旋转"属性,设置"旋转"选项的数值为 "0x-5.5°",如图 16-17 所示。

图 16-16

图 16-17

步骤 ⑫ 分别单击"02.avi""03.avi"和"04.avi"层右侧的"3D 图层"按钮 ⬡,如图 16-18 所示。

步骤 ⑬ 选择"图层 > 新建 > 摄像机"命令,弹出"摄像机设置"对话框,选项的设置如图 16-19 所示。单击"确定"按钮,在"时间线"面板中生成"摄像机 1"层,展开"摄像机 1"层的属性,设置选项如图 16-20 所示。

图 16-18

图 16-19

图 16-20

步骤 ⑭ 选择"图层 > 新建 > 照明"命令,弹出"照明设置"对话框,选项的设置如图 16-21 所示。单击"确定"按钮,在"时间线"面板中生成"照明 1"层,如图 16-22 所示。

图 16-21

图 16-22

步骤 ⑮ 展开"照明 1"层的属性，设置"目标兴趣点"选项的数值为 347.4、299.4、104.9，设置"位置"选项的数值为 380.2、266.6、-168.6；分别单击"位置"和"目标兴趣点"选项左侧的"关键帧自动记录器"按钮 ⏱，如图 16-23 所示，记录第 1 个关键帧。"合成"窗口中的效果如图 16-24 所示。

图 16-23

图 16-24

步骤 ⑯ 将时间标签放在 0:00:01:19 的位置，在"时间线"面板中，设置"目标兴趣点"选项的数值为 399.3、247.5、-327.3，"位置"选项的数值为 432.1、214.7、-600.8，如图 16-25 所示，记录第 2 个关键帧。DIY 节目片头制作完成，效果如图 16-26 所示。

图 16-25

图 16-26

16.2 制作音乐节目的片头

16.2.1 案例分析

利用"位置"属性制作图片运动效果,利用"3D 图层"属性和"摄像机"命令制作空间效果,使用"阴影"命令制作文字阴影效果。

16.2.2 案例设计

本案例播放流程如图 16-27 所示。

图 16-27

16.2.3 案例制作

步骤① 按 Ctrl+N 组合键,弹出"图像合成设置"对话框,在"合成组名称"文本框中输入"最终效果",其他选项的设置如图 16-28 所示,单击"确定"按钮,创建一个新的合成"最终效果"。选择"文件 > 导入 > 文件"命令,弹出"导入文件"对话框,选择云盘中的"Ch16\制作音乐节目片头\ (Footage) \01.mov ~ 06.png"文件,单击"打开"按钮,导入文件到"项目"面板,如图 16-29 所示。

微课:制作音乐节目片头

图 16-28

图 16-29

步骤② 在"项目"面板中分别选中"01.mov"和"02.jpg"文件并将它们拖曳到"时间线"面板中,层的排列顺序如图 16-30 所示。"合成"窗口中的效果如图 16-31 所示。

图 16-30

图 16-31

步骤③ 选中 "01.mov" 层，设置层的混合模式为 "柔光"，按 T 键，展开 "透明度" 属性，设置 "透明度" 选项的数值为 50%，如图 16-32 所示。"合成" 窗口中的效果如图 16-33 所示。

图 16-32

图 16-33

步骤④ 在 "项目" 面板中分别选中 "03.png" "04.png" "05.png" 和 "06.png" 文件并将它们拖曳到 "时间线" 面板中，层的排列顺序如图 16-34 所示。"合成" 窗口中的效果如图 16-35 所示。

图 16-34

图 16-35

步骤⑤ 选中 "06.png" 层，按 P 键，展开 "位置" 属性，设置 "位置" 选项的数值为 644.0、288.0，单击 "位置" 选项左侧的 "关键帧自动记录器" 按钮，如图 16-36 所示，记录第 1 个关键帧。将时间标签放置在 0:00:02:00 的位置，在 "时间线" 面板中，设置 "位置" 选项的数值为 93.0、288.0，如图 16-37 所示，记录第 2 个关键帧。

图 16-36　　　　　　　　　　图 16-37

步骤 ⑥ 按 T 键，展开"透明度"属性，单击"透明度"选项左侧的"关键帧自动记录器"按钮 ，如图 16-38 所示，记录第 1 个关键帧。将时间标签放置在 0:00:03:00 的位置，在"时间线"面板中，设置"透明度"选项的数值为 0%，如图 16-39 所示，记录第 2 个关键帧。

图 16-38　　　　　　　　　　图 16-39

步骤 ⑦ 将时间标签放置在 0:00:00:00 的位置，选中"05.png"层，按 P 键，展开"位置"属性，设置"位置"选项的数值为 183.0、288.0，单击"位置"选项左侧的"关键帧自动记录器"按钮 ，如图 16-40 所示，记录第 1 个关键帧。将时间标签放置在 0:00:02:00 的位置，在"时间线"面板中，设置"位置"选项的数值为 525.0、288.0，如图 16-41 所示，记录第 2 个关键帧。

图 16-40　　　　　　　　　　图 16-41

步骤 ⑧ 按 T 键，展开"透明度"属性，单击"透明度"选项左侧的"关键帧自动记录器"按钮 ，如图 16-42 所示，记录第 1 个关键帧。将时间标签放置在 0:00:03:00 的位置，在"时间线"面板中，设置"透明度"选项的数值为 0%，如图 16-43 所示，记录第 2 个关键帧。

步骤 ⑨ 将时间标签放置在 0:00:00:00 的位置，选中"04.png"层，按 P 键，展开"位置"属性，设置"位置"选项的数值为 183.3、320.4，按住 Shift 键的同时，按 T 键，展开"透明度"属性，设置"透明度"选项的数值为 0%，单击"透明度"选项左侧的"关键帧自动记录器"按钮 ，如

图 16-44 所示，记录第 1 个关键帧。将时间标签放置在 0:00:02:00 的位置，在"时间线"面板中，设置"透明度"选项的数值为 100%，如图 16-45 所示，记录第 2 个关键帧。

图 16-42   图 16-43

图 16-44   图 16-45

步骤 ⑩ 选中"03.png"层，将时间标签放置在 0:00:03:00 的位置，单击"03.png"层右侧的"3D 图层"按钮◆，按 P 键，展开"位置"属性，设置"位置"选项的数值为 478.7、286.7、0.0，按住 Shift 键的同时，按 T 键，展开"透明度"属性，设置"透明度"选项的数值为 0%，单击"透明度"选项左侧的"关键帧自动记录器"按钮◯，如图 16-46 所示，记录第 1 个关键帧。

步骤 ⑪ 将时间标签放置在 0:00:03:05 的位置，在"时间线"面板中，设置"透明度"选项的数值为 100%，如图 16-47 所示，记录第 2 个关键帧。

图 16-46   图 16-47

步骤 ⑫ 选择"图层 > 新建 > 摄像机"命令，弹出"摄像机设置"对话框，选项的设置如图 16-48 所示。单击"确定"按钮，在"时间线"面板中生成"摄像机 1"层，如图 16-49 所示。

步骤 ⑬ 在"时间线"面板中，展开"摄像机 1"属性，如图 16-50 所示。"合成"窗口中的效果如图 16-51 所示。

图 16-48

图 16-49

图 16-50

图 16-51

步骤 ⑭ 按 P 键，展开"位置"属性，单击"位置"选项左侧的"关键帧自动记录器"按钮 ⵁ，如图 16-52 所示，记录第 1 个关键帧。将时间标签放置在 0:00:03:24 的位置，在"时间线"面板中，设置"位置"选项的数值为 360.0、288.0、-765.8，如图 16-53 所示，记录第 2 个关键帧。

图 16-52

图 16-53

步骤 ⑮ 将时间标签放置在 0:00:04:11 的位置，在"时间线"面板中，设置"位置"选项的数值为 -255.0、288.0、-765.8，如图 16-54 所示，记录第 3 个关键帧。将时间标签放置在 0:00:04:20 的位置，在"时间线"面板中，设置"位置"选项的数值为 360.0、288.0、-765.8，如图 16-55 所示，记录第 4 个关键帧。

图 16-54　　　　　　　　　　　　　　　图 16-55

步骤 ⑯ 将时间标签放置在 0:00:05:04 的位置，在"时间线"面板中，设置"位置"选项的数值为 800.0、288.0、-765.8，如图 16-56 所示，记录第 5 个关键帧。将时间标签放置在 0:00:05:13 的位置，在"时间线"面板中，设置"位置"选项的数值为-100.0、288.0、-765.8，如图 16-57 所示，记录第 6 个关键帧。

图 16-56　　　　　　　　　　　　　　　图 16-57

步骤 ⑰ 将时间标签放置在 0:00:05:23 的位置，在"时间线"面板中，设置"位置"选项的数值为 360.0、288.0、-765.8，如图 16-58 所示，记录第 7 个关键帧。

图 16-58

步骤 ⑱ 选择"横排文字"工具 T，在"合成"窗口中输入文字"音乐频道"。选中文字，在"文字"面板中设置"填充色"为黄色（其 R、G、B 的值分别为 255、222、0），其他选项的设置如图 16-59 所示。"合成"窗口中的效果如图 16-60 所示。

图 16-59　　　　　　　　　　　　　　　图 16-60

步骤 ⑲ 选择"效果 > 透视 > 阴影"命令，在"特效控制台"面板中进行设置，如图 16-61 所示。"合成"窗口中的效果如图 16-62 所示。

步骤 ⑳ 将时间标签放在 0:00:06:05 的位置，按 T 键，展开"透明度"属性，设置"透明度"选项的数值为 0%，单击"透明度"选项左侧的"关键帧自动记录器"按钮 ⏱，如图 16-63 所示，记录第 1 个关键帧。

图 16-61   图 16-62   图 16-63

步骤 ㉑ 将时间标签放在 0:00:06:24 的位置，在"时间线"面板中，设置"透明度"选项的数值为 100%，如图 16-64 所示，记录第 2 个关键帧。

步骤 ㉒ 音乐节目片头制作完成，效果如图 16-65 所示。

图 16-64   图 16-65

16.3 制作茶艺节目的片头

16.3.1 案例分析

利用"透明度"属性和"位置"属性制作动画效果，使用"横排文字"工具添加文字。

16.3.2 案例设计

本案例播放流程如图 16-66 所示。

图 16-66

16.3.3　案例制作

微课：制作茶艺节目片头

课堂练习——制作环球节目的片头

🔗 练习知识要点

使用"径向擦除"命令制作视频切换效果，使用"摄像机"命令添加摄像机层并制作动画效果，使用"横排文字"工具输入文字，使用"阴影"命令制作文字阴影效果，使用"镜头光晕"命令制作文字动画。环球节目片头效果如图 16-67 所示。

微课：制作环
球节目片头

图 16-67

◎ 效果所在位置

云盘\Ch16\制作环球节目片头\制作环球节目片头.aep。

课后习题——制作都市节目的片头

习题知识要点

使用"色阶"命令调整视频的亮度,利用"位置""缩放""透明度"属性制作场景动画,使用"横排文字"工具输入文字,使用"阴影"命令制作文字阴影效果。都市节目片头效果如图 16-68 所示。

效果所在位置

云盘\Ch16\制作都市节目片头\制作都市节目片头.aep。

微课:制作都
市节目片头

图 16-68

17

第 17 章
制作电视短片

电视短片是一种"把握真实的艺术",它贴近实际,关注主流,讲求时效,是观众喜爱的一种电视艺术形式,也是当前电视频道的主体节目。本章以多个主题的电视短片为例,讲解电视短片的构思方法和制作技巧。读者通过学习可以设计制作出丰富绮丽的电视短片。

课堂学习目标

- ✔ 了解电视短片的构思方法
- ✔ 了解电视短片的构成元素
- ✔ 掌握电视短片的表现手法
- ✔ 掌握电视短片的制作技巧

17.1　制作海上冲浪短片

17.1.1　案例分析

使用"时间线"面板设置动画的入点，利用"透明度"属性和关键帧制作画面切换效果，使用"低音与高音"命令为音乐添加特效。

17.1.2　案例设计

本案例播放流程如图 17-1 所示。

图 17-1

17.1.3　案例制作

步骤❶ 按 Ctrl+N 组合键，弹出"图像合成设置"对话框，在"合成组名称"文本框中输入"合成 1"，其他选项的设置如图 17-2 所示，单击"确定"按钮，创建一个新的合成"合成 1"。选择"文件 > 导入 > 文件"命令，弹出"导入文件"对话框，选择云盘中的"Ch17 \制作海上冲浪短片\ (Footage) \01.avi ~ 05.png"文件，单击"打开"按钮，导入文件到"项目"面板，如图 17-3 所示。

微课：制作海上冲浪短片

图 17-2

图 17-3

步骤❷ 在"项目"面板中选中"01.avi""02.avi"和"03.avi"文件并将它们拖曳到"时间线"面板中，层的排列顺序如图 17-4 所示。"合成"窗口中的效果如图 17-5 所示。

图 17-4 图 17-5

步骤③ 将时间标签放置在 0:00:03:21 的位置，选中"02.avi"层，按 P 键，展开"位置"属性，设置"位置"选项的数值为 395.0、288.0，按 [键，设置动画的入点，如图 17-6 所示。

图 17-6

步骤④ 按 T 键，展开"透明度"属性，设置"透明度"选项的数值为 0%，单击"透明度"选项左侧的"关键帧自动记录器"按钮，如图 17-7 所示，记录第 1 个关键帧。将时间标签放置在 0:00:04:14 的位置，在"时间线"面板中，设置"透明度"选项的数值为 100%，如图 17-8 所示，记录第 2 个关键帧。

图 17-7 图 17-8

步骤⑤ 将时间标签放置在 0:00:08:02 的位置，按 [键，设置动画的入点，如图 17-9 所示。

图 17-9

步骤⑥ 将时间标签放置在 0:00:08:03 的位置，选中"03.avi"层，按 T 键，展开"透明度"属性，设置"透明度"选项的数值为 0%，单击"透明度"选项左侧的"关键帧自动记录器"按钮 ○，如图 17-10 所示，记录第 1 个关键帧。将时间标签放置在 0:00:09:00 的位置，在"时间线"面板中，设置"透明度"选项的数值为 100%，如图 17-11 所示，记录第 2 个关键帧。

| 图 17-10 | 图 17-11 |

步骤 ⑦ 在"项目"面板中选中"04.wma"文件，并将其拖曳到"时间线"面板中，如图 17-12 所示。

图 17-12

步骤 ⑧ 选中"04.wma"层，展开"音频"属性，将时间标签放置在 0:00:09:24 的位置，单击"音频电平"选项左侧的"关键帧自动记录器"按钮 ○，记录第 1 个关键帧，如图 17-13 所示。将时间标签放置在 0:00:11:24 的位置，在"时间线"面板中，设置"音频电平"选项的数值为 –10，如图 17-14 所示，记录第 2 个关键帧。

| 图 17-13 | 图 17-14 |

步骤 ⑨ 选中"04.wma"层，选择"效果 > 音频 > 低音与高音"选项，在"特效控制台"面板中进行设置，如图 17-15 所示。

步骤 ⑩ 按 Ctrl+N 组合键，弹出"图像合成设置"对话框，在"合成组名称"文本框中输入"最终效果"，其他选项的设置如图 17-16 所示，单击"确定"按钮，创建一个新的合成"最终效果"。

步骤 ⑪ 在"项目"面板中选中"合成 1"合成和"05.png"文件，并将它们拖曳到"时间线"面板中，如图 17-17 所示。"合成"窗口中的效果如图 17-18 所示。

步骤 ⑫ 选中"05.png"层，按 S 键，展开"缩放"属性，单击"缩放"选项左侧的"关键帧自动记录器"按钮 ○，记录第 1 个关键帧，如图 17-19 所示。将时间标签放置在 0:00:05:08 的位置，在"时间线"面板中，设置"缩放"选项的数值为 120%，如图 17-20 所示，记录第 2 个关键帧。

图 17-15

图 17-16

图 17-17

图 17-18

图 17-19

图 17-20

步骤 ⑬ 将"合成 1"层的"轨道蒙板"选项设置为"Alpha 蒙板'05.png'"，自动隐藏"05.png"层，如图 17-21 所示。海上冲浪短片效果如图 17-22 所示。

图 17-21

图 17-22

17.2 制作体育运动短片

17.2.1 案例分析

使用"CC 玻璃状擦除"命令、"百叶窗"命令和"CC 图像式擦除"命令制作视频过渡效果，使用"低音与高音"命令为音乐添加特效，使用"边角固定"命令扭曲视频的角度。

17.2.2 案例设计

本案例播放流程如图 17-23 所示。

图 17-23

17.2.3 案例制作

步骤① 按 Ctrl+N 组合键，弹出"图像合成设置"对话框，在"合成组名称"文本框中输入"视频"，其他选项的设置如图 17-24 所示，单击"确定"按钮，创建一个新的合成"视频"。选择"文件 > 导入 > 文件"命令，弹出"导入文件"对话框，选择云盘中的"Ch17 \制作体育运动短片\ (Footage) \01.avi ~ 07.jpg"文件，单击"打开"按钮，导入文件到"项目"面板，如图 17-25 所示。

微课：制作体育运动短片

图 17-24

图 17-25

步骤② 在"项目"面板中选中"01.avi" ~ "06.mp3"文件并将它们拖曳到"时间线"面板中，如图 17-26 所示。"合成"窗口中的效果如图 17-27 所示。

图 17-26　　　　　　　　　　　　　　图 17-27

步骤 ③ 选中"01.avi"层，选择"效果 > 过渡 > CC 玻璃状擦除"命令，在"特效控制台"面板中进行设置，如图 17-28 所示。将时间标签放置在 0:00:03:16 的位置，在"特效控制台"面板中，单击"完成度"选项左侧的"关键帧自动记录器"按钮 ，记录第 1 个关键帧，如图 17-29 所示。

图 17-28　　　　　　　　　　　　　　图 17-29

步骤 ④ 将时间标签放置在 0:00:04:22 的位置，在"特效控制台"面板中，设置"完成度"选项的数值为 100%，记录第 2 个关键帧，如图 17-30 所示。"合成"窗口中的效果如图 17-31 所示。

图 17-30　　　　　　　　　　　　　　图 17-31

步骤 ⑤ 选中"02.avi"层，选择"效果 > 过渡 > CC 径向缩放擦除"命令，在"特效控制台"面板中进行设置，如图 17-32 所示。将时间标签放置在 0:00:08:01 的位置，在"特效控制台"面板中，单击"填充范围"选项左侧的"关键帧自动记录器"按钮 ，记录第 1 个关键帧，如图 17-33 所示。

图 17-32　　　　　　　　　　　　　　图 17-33

步骤⑥ 将时间标签放置在 0:00:09:22 的位置，在"特效控制台"面板中，设置"填充范围"选项的数值为 100%，如图 17-34 所示，记录第 2 个关键帧。"合成"窗口中的效果如图 17-35 所示。

图 17-34

图 17-35

步骤⑦ 将时间标签放置在 0:00:08:02 的位置，选中"03.avi"层，按 [键，设置动画的入点，如图 17-36 所示。选中"03.avi"层，选择"效果 > 过渡 > 百叶窗"命令，在"特效控制台"面板中进行设置，如图 17-37 所示。将时间标签放置在 0:00:12:23 的位置，在"特效控制台"面板中，单击"变换完成量"选项左侧的"关键帧自动记录器"按钮 ○，记录第 1 个关键帧，如图 17-38 所示。

图 17-36

图 17-37

图 17-38

步骤⑧ 将时间标签放置在 0:00:14:03 的位置，在"特效控制台"面板中，设置"变换完成量"选项的数值为 100%，如图 17-39 所示，记录第 2 个关键帧。"合成"窗口中的效果如图 17-40 所示。

步骤⑨ 将时间标签放置在 0:00:09:19 的位置，选中"04.avi"层，按 [键，设置动画的入点，如图 17-41 所示。

图 17-39

图 17-40

图 17-41

步骤⑩ 选中"04.avi"层，选择"效果 > 过渡 > CC 图像式擦除"命令，在"特效控制台"面板中进行设置，如图 17-42 所示。将时间标签放置在 0:00:20:04 的位置，在"特效控制台"面板中，单击"完成度"选项左侧的"关键帧自动记录器"按钮 ，记录第 1 个关键帧，如图 17-43 所示。

图 17-42

图 17-43

步骤⑪ 将时间标签放置在 0:00:21:15 的位置，在"特效控制台"面板中，设置"完成度"选项的数值为 100%，如图 17-44 所示，记录第 2 个关键帧。"合成"窗口中的效果如图 17-45 所示。

图 17-44

图 17-45

步骤 ⑫ 将时间标签放置在 0:00:21:02 的位置，选中"05.avi"层，按 [键，设置动画的入点，如图 17-46 所示。

图 17-46

步骤 ⑬ 选中"06.mp3"层，展开"音频"属性，将时间标签放置在 0:00:23:14 的位置，单击"音频电平"选项左侧的"关键帧自动记录器"按钮 ⏱，记录第 1 个关键帧，如图 17-47 所示。将时间标签放置在 0:00:24:24 的位置，在"时间线"面板中，设置"音频电平"选项的数值为-5，如图 17-48 所示，记录第 2 个关键帧。

图 17-47

图 17-48

步骤 ⑭ 选中"06.mp3"层，选择"效果 > 音频 > 低音与高音"选项，在"特效控制台"面板中进行设置，如图 17-49 所示。

步骤 ⑮ 按 Ctrl+N 组合键，弹出"图像合成设置"对话框，在"合成组名称"文本框中输入"最终效果"，其他选项的设置如图 17-50 所示，单击"确定"按钮，创建一个新的合成"最终效果"。

图 17-49

图 17-50

步骤 ⑯ 在"项目"面板中选中"07.jpg"文件和"视频"合成并将它们拖曳到"时间线"面板中，层的排列顺序如图 17-51 所示。"合成"窗口中的效果如图 17-52 所示。

图 17-51

图 17-52

步骤 ⑰ 选中"视频"层，按 P 键，展开"位置"属性，设置"位置"选项的数值为 351.9、300.1，按住 Shift 键的同时，按 S 键，展开"缩放"属性，设置"缩放"选项的数值为 49.9%，如图 17-53 所示。"合成"窗口中的效果如图 17-54 所示。

图 17-53

图 17-54

步骤 ⑱ 选择"效果 > 扭曲 > 边角固定"命令，在"特效控制台"面板中进行设置，如图 17-55 所示。体育运动短片效果制作完成，如图 17-56 所示。

图 17-55

图 17-56

17.3　制作快乐宝宝短片

17.3.1　案例分析

使用"颜色键"命令抠出视频背景,使用"色阶"命令调整视频的颜色,使用"混响"命令为音乐添加特效。

17.3.2　案例设计

本案例播放流程如图 17-57 所示。

图 17-57

17.3.3　案例制作

微课:制作快乐宝宝短片

课堂练习——制作马术表演短片

练习知识要点

使用"横排文字"工具输入文字,利用"位置"属性、"矩形遮罩"命令制作文字动画,使用"高斯模糊"命令制作背景图,使用"渐变""阴影"和"CC 光线扫射"命令制作文字合成效果。马术表演短片效果如图 17-58 所示。

图 17-58

微课:制作马术表演短片

效果所在位置

云盘\Ch17\制作马术表演短片\制作马术表演短片.aep。

课后习题——制作四季赏析短片

习题知识要点

使用"横排文字"工具、"Starglow"特效和"Particular"特效制作特效文字，使用"线性擦除"命令制作视频切换效果，使用"色阶"命令调整图像亮度，使用"色彩范围"命令去除图像颜色。四季赏析短片效果如图 17-59 所示。

图 17-59

微课：制作四
季赏析短片

效果所在位置

云盘\Ch17\制作四季赏析短片\制作四季赏析短片.aep。